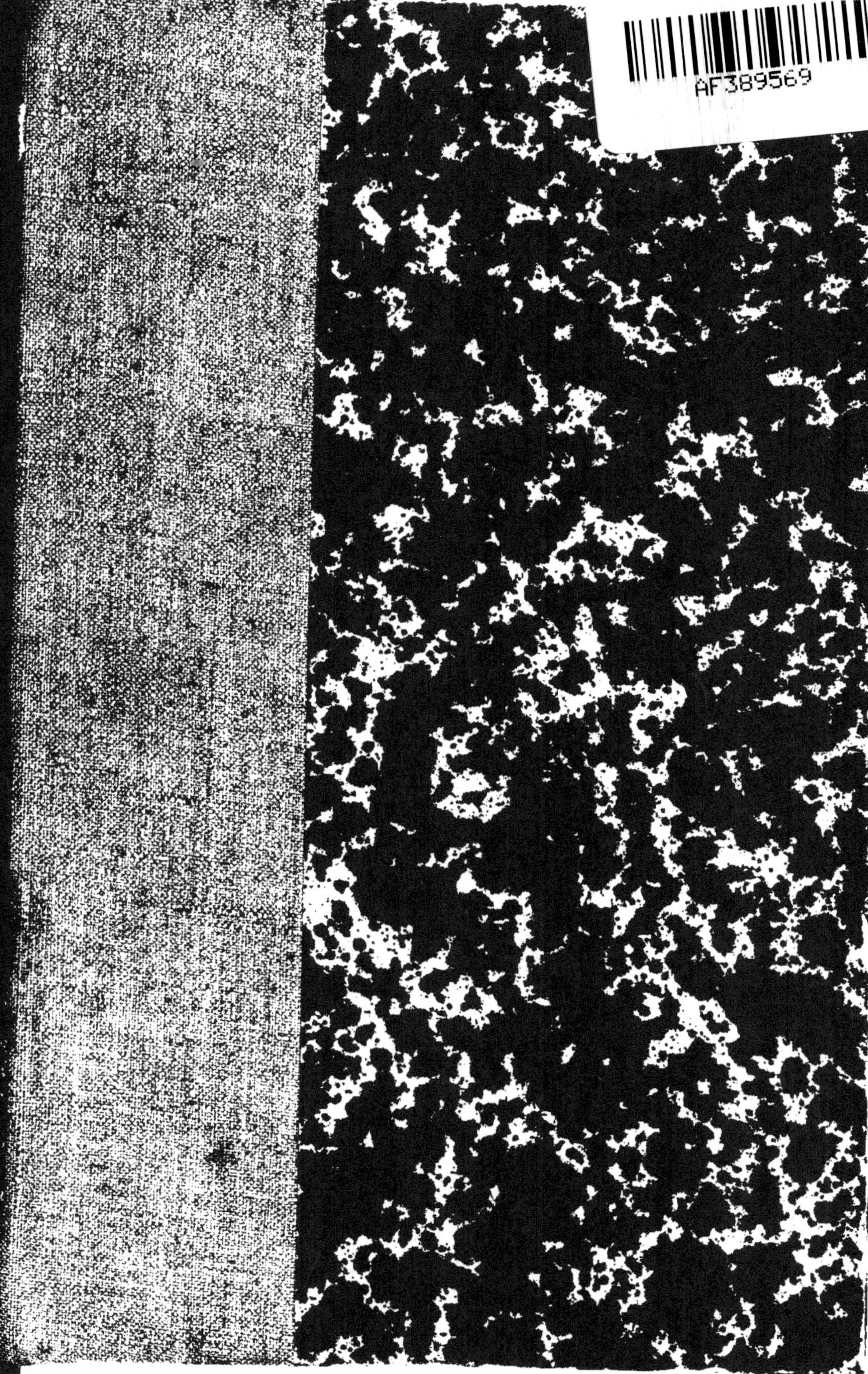

LES
MERVEILLES

DE LA

FLORE PRIMITIVE

Etude raisonnée de la formation des plantes et
des phénomènes qui ont provoqué et accompagné le développement
des forêts de la période houillère

suivie d'une

NOTE SUR LA CHUTE DE L'AUSTRALIE COMME MASSE MÉTÉORIQUE

par

A. FROMENT

Avec 36 Figures dans le texte.

GENÈVE
Georg & Cᵒ, Éditeurs
10, Corraterie.

PARIS
Georges Carré
3, rue Racine.

1895

MERVEILLES DE LA FLORE PRIMITIVE

LES
MERVEILLES
DE LA
FLORE PRIMITIVE

Étude raisonnée de la formation des plantes et
des phénomènes qui ont provoqué et accompagné le développement
des forêts de la période houillère

suivie d'une

NOTE SUR LA CHUTE DE L'AUSTRALIE COMME MASSE MÉTÉORIQUE

par

A. FROMENT

Avec 36 Figures dans le texte.

GENÈVE
Georg & Cie, Éditeurs
lu. Corraterie.

PARIS
Georges Carré
3, rue Racine.

1895

AVANT-PROPOS

La science de la Botanique n'est pas une science isolée, elle est intimement liée aux autres sciences. Les sujets qui nous fournissent de longues heures d'études, et pour lesquels la vieille Nature déploie tant d'amour et tant de magnificences, ne sont pas nés d'eux-mêmes; leur vie se rattache à l'existence de conditions physiques toutes spéciales.

Ces sujets ont été précédés d'autres formes, car depuis des siècles innombrables la Création enfante sans relâche, et ces formes ne peuvent plus être étudiées que dans le sépulcre où la Nature nous les a conservés souvent presqu'intacts.

Ces momies végétales ont eu leurs conditions particulières d'existence, à l'époque où, luxuriantes de sève, elles couvraient la Terre.

Ce sont ces formes et ces conditions physiques que nous nous proposons d'étudier dans les chapitres qui vont suivre.

Nous nous efforcerons de démontrer les diverses manifestations naturelles depuis l'époque azoïque, jusqu'à l'époque secondaire; nous grouperons les raisons, les faits, les expériences nous portant à croire que les plantes primitives étaient placées dans des conditions toutes autres que celles admises par la plupart des géologues.

Nous n'aurons d'autre but que la recherche de la vérité, d'autres guides que les lois physiques immuables de toute éternité. Nous examinerons séparément les lois qui ont présidé à l'arrivée et au développement des plantes primitives, car, dans la science comme dans la philosophie, on ne voit distinctement les choses qu'autant qu'on les observe les unes après les autres.

A. F.

TABLE DES MATIÈRES

LES MERVEILLES

DE

LA FLORE PRIMITIVE

CHAPITRE I

CONSIDÉRATIONS GÉNÉRALES

Lorsque le hasard ou le besoin de repos vous mène dans les bois touffus ou sur le bord des étangs de la vallée, vous apercevez-vous du soin que la Nature semble avoir pris de décorer d'un agréable parterre de mousses, les lieux que vous recherchez, ou d'orner de grands herbages les eaux près desquelles vous vous reposez des fatigues de la vie?

Mais ce que vous ignorez, peut-être, c'est que ces mousses si chétives, bien que jolies cependant, fuyant le grand soleil pour chercher l'ombre et la fraîcheur; c'est que ces fougères dont les éventails de verdure se penchent si gracieusement; c'est que ces prêles naines dont les singuliers et maigres ramuscules semblent demander au passé la sève qui leur manque; c'est que ces roseaux qui, dans leur faiblesse, menacent encore le ciel de leurs pointes aiguës sont les représentants rachitiques d'un monde végétal disparu de la scène vivante il y a des millions d'années.

En contemplant ces pygmées, notre pensée se reporte à ces temps fertiles où la Nature, prodigue de sève, mais avare d'espèces, faisait, comme par enchantement, surgir du sol des légions de forêts dont les dépouilles nous ont été léguées sous une forme si utile : la Houille.

N'est-ce pas le moment de répéter une fois de plus : « rien n'est perdu dans la nature, la matière se transforme et rien de plus. » Après de longues périodes séculaires, nous retrouvons dans le morceau de charbon la chaleur, la lumière et l'électricité que le soleil a versées sur lui alors qu'il était encore végétal.

À ces époques lointaines, ce n'était pas toujours la vie calme pour la végétation; si des forêts entières mouraient à la place qui les avait vu naître; si les jeunes puisaient leur sève, leur vigueur dans la mort même de leurs ancêtres, d'autres, déracinées violemment par les ouragans électriques étaient chariées par les eaux dans de vastes estuaires où elles s'amoncelaient en bancs puissants, plus tard recouverts par les alluvions dans des périodes plus calmes.

Les mêmes espèces se retrouvent à peu près partout dans les bancs de houille. C'étaient des *Fougères arborescentes*, des *Prêles* gigantesques, des *Sigillaria*, des *Dracæna*, des *Fucoïdes* remarquables, des *Cycadées*, des *Calamites*, des *Lépidodendrons*, etc. Les conifères s'y trouvent également représentés.

Il n'y avait pas alors ces mille variétés d'arbres et de fleurs, la végétation avait commencé par des champignons, des algues, des fucus, pour se continuer par les espèces qui forment les immenses bancs de houille que l'on rencontre partout, aussi bien aux pôles qu'à l'équateur.

Les fougères en arbres, ne s'élevant guère sous les tropiques qu'à une hauteur moyenne de 6 mètres, en avaient 14 à 18; les plantes de la famille des Lycopadiacées qui abondent sous l'équateur, rampant généralement et mesurant environ 1 mètre de longueur, s'élevaient à 15 mètres et plus. Dans nos contrées tempérées, les diverses espèces de mousses qui n'acquièrent plus que des proportions lilliputiennes s'élançaient dans l'air à côté des Fougères et des Cycadées. Aujourd'hui, déchues de leur splendeur passée, elles se retirent timidement au pied des grands arbres qu'autrefois elles étaient près d'égaler.

Que d'enseignements dans un brin d'herbe!

Aucune pensée humaine n'était là pour admirer

ces merveilles de la nature végétale. C'était la vie silencieuse. Seuls, les poissons peuplaient les mers. Aucun oiseau ne faisait retentir de ses chants les voûtes de ces basiliques végétales ; aucune chanson qui se mêlât au murmure de la brise. La nature était vierge encore de ces mots : « Tu es mon frère et mon ennemi. »

La géologie nous apprend que les forêts de la période houillère s'élevaient dans d'immenses marécages et tout le monde sait que, au bord de l'eau, les arbres poussent le plus vigoureusement. Le Gange, le Meschacebé, le Niger, l'Amazone ne roulent-ils pas leurs eaux au milieu des plus grandes forêts tropicales et les arbres de ces contrées sont d'autant plus gros qu'ils croissent le long des rivières.

Des causes nombreuses et très complexes ont donné à la végétation houillère son caractère de richesse et de force végétative. À peine les forêts tropicales peuvent-elles nous en donner une idée, leur vigueur n'apparaît plus que comme une lointaine réminiscence.

La chaleur, la lumière, l'électricité, l'acide carbonique, tout contribuait à fournir aux plantes la sève abondante qui circulait dans leurs canaux, mais c'était la vie végétale dans une splendeur uniforme. Il n'y avait pas ce que nous appelons le sommeil de l'hiver, les saisons n'existaient pas encore ; c'était la vie infatigable, la végétation sans trêve ni repos.

Combien de fois l'aurore du matin ne s'est-elle pas levée sur ces immenses forêts! Que de fois les rayons d'un soleil couchant n'ont-ils pas doré la cime des grands palmiers ou les rameaux tremblotants des Calamites qui nous sont arrivés enfouis à 2, à 3 et parfois à 4,000 mètres de profondeur.

N'est-ce pas cette aurore, n'est-ce pas ces rayons de soleil que nous faisons revivre après des millions de siècles lorsque, indifférents, nous brûlons un morceau de houille pour nous chauffer, ou pour nous éclairer.

Ce combustible que le profane jette dédaigneusement dans sa grille, vient, noirci par les siècles, raconter sa vie, celle de ses aïeux et les événements qui ont accompagné leur existence.

Il est la chronique de ces âges lointains qui l'ont vu naître et mourir, il a conservé, gravé dans son être même, comme sur une pierre tumulaire, sa vivante splendeur d'autrefois.

Interrogeons donc à notre tour ces blocs de houille et si leur langage primitif est imparfait, nous pourrons suppléer à ce qui lui manquera de clarté.

CHAPITRE II

Lorsque la Terre se fut entièrement condensée, les gaz oxygène, hydrogène et azote entouraient le globe d'une enveloppe qui exerçait à sa surface une pression très considérable.

Peu à peu, à la suite de quelques explosions électriques, isolées d'abord, produites dans ces couches gazeuses par le frottement moléculaire, frottement causé par la chaleur solaire qui provoquait des courants dans cette masse si dense surtout dans les couches inférieures, les deux gaz hydrogène et oxygène se combinèrent, dans de petites proportions d'abord, à l'état de vapeur; celle-ci se précipita plus tard sur le sol vierge encore d'humidité, oxydant peu à peu les roches et préparant ainsi une action plus intense aux eaux qui arrivèrent plus tard en plus grande abondance à la surface du globe.

C'est la double influence de la chaleur développée par cette oxydation rapide et de celle occasionnée par l'oxydation de l'hydrogène pour passer à l'état d'eau, qu'une notable proportion de carbone qui, par sa pesanteur spécifique, se trouvait en grande quantité dans les premières couches terrestres, se volatilisa sous forme d'oxyde de carbone qui ne tarda pas à passer à l'état d'acide carbonique. Ce gaz très lourd, s'ajoutant à l'atmosphère en toutes proportions, se substitua, comme pression, à la vapeur d'eau que les phénomènes physiques précipitaient à la surface du sol, constituant les premières mers qui s'étendirent uniformément sur la Terre presque toute entière.

Ce fut sous cette pression intense que se formèrent les roches métamorphiques que nous étudierons plus spécialement dans un mémoire sur les périodes géologiques. Ce fut dans ces mers peu profondes, chargées d'acide carbonique et de carbonate de chaux produit par la décomposition des silicates primitifs et dissous par un excès d'acide carbonique, que la vie apparut pour la première fois.

Quelque reculé que tu sois, salut, jour antique de la Création !

Les mers commencèrent à se peupler d'Algues de toutes formes progressant du simple au composé, tandis que la terre ferme se parait d'une couche de petits Champignons semblables à nos Protocoques.

Combien simple n'était-elle pas cette végétation

étonnée de vivre, essayant le terrain comme l'avant-courrière de légions plus fortes qui devaient suivre.

Ce fut une cellule qui inaugura la Vie !

D'autres champignons aux formes élégantes suivirent de près ces modestes Protocoques, pendant que dans les mers, la vie se continuait par des Algues analogues à nos Fucus, à nos Goëmons et à nos Laminaires.

Ce globe, inerte pendant des milliers de siècles qu'aucun esprit ne pourra jamais supputer, soumis aux convulsions formidables, aux déchirements provoqués par les forces centrales [1], livré à des torrents d'électricité et de pluie, a trouvé une parure à son aridité.

Les cellules s'organisent plus parfaitement et déjà de loin en loin, on voit apparaître des Calamites, des Prêles, les premiers Lycopodes qui, concurremment avec d'autres végétaux, ont formé l'anthracite.

La Terre est vivante maintenant, bien vivante, et le sol détrempé par les pluies appartient à la végétation. Elle va s'épanouir luxuriante et variée.

Ce ne sont plus seulement des Calamites, des Fougères, mais des Sigillaria, des Lépidodendrons, des Palmiers, des Conifères, des Graminées, etc., qui croissent avec une vigueur dont

---

[1] Sous la dénomination de « force centrale, » nous n'entendons pas désigner le noyau liquide incandescent des géologues plutoniens.

rien maintenant ne peut nous donner une idée, constituant des forêts où les espèces étaient rares, il est vrai, mais dont l'uniformité était des plus curieuses.

Quelqu'immenses qu'elles aient été, elles se sont enfouies, ces forêts, pliant sous les forces de la Nature; elles se sont enfouies partout où elles se sont dressées, aussi bien aux pôles qu'à l'équateur !

Ne paraît-il pas singulier que les pôles, aujourd'hui si arides, livrés à la neige et à la glace, eussent eu jadis une végétation dépassant de beaucoup en vigueur celle que l'on rencontre actuellement dans les contrées équatoriales.

Que de questions ne vous posez-vous pas à ce sujet si bizarre, aujourd'hui que les saisons et les climats règnent souverainement, distribuant, échelonnant les 300,000 espèces dont se compose la flore actuelle !

Nous avons décrit jusqu'ici la vie générale telle qu'elle est apparue et nous devons dire tout de suite qu'elle ne s'est étendue que peu à peu, allant des pôles vers l'équateur, comme nous l'expliquerons plus tard.

Nous allons maintenant entrer dans la partie la plus intéressante, mais aussi la plus délicate de notre sujet.

La chaleur terrestre [1] n'était pas la seule qui

[1] Nous entendons par chaleur terrestre celle développée par l'oxydation continuelle des roches sous-jacentes.

influençait la végétation des pôles. Si le soleil n'avait pas envoyé des rayons plus chauds que ceux qu'il répand aujourd'hui sur ces contrées, les végétaux de la période houillère n'auraient pas acquis les dimensions que nous leur connaissons. Le rayonnement de la chaleur terrestre n'aurait pas suffi pour entretenir autour des plantes une chaleur suffisante assurant leur complet développement.

L'humidité contenue dans l'air ne pouvait nullement former un écran suffisamment épais pour empêcher la faible chaleur superficielle de se perdre rapidement dans les hautes régions de l'atmosphère, car, étant donnée la chaleur stationnaire du soleil et l'inclinaison de l'axe de la Terre, les couches atmosphériques supérieures descendaient la nuit à une température tellement basse que celles situées au-dessous, subissant leur influence, ne pouvaient contenir qu'une quantité relativement petite d'humidité dont l'excès était condensé à l'état de pluie froide.

La chaleur intérieure des couches de nos potagers s'élève à plus de 40 degrés, elle serait inefficace si les jeunes plants n'étaient abrités par des chassis dont l'effet est de concentrer la chaleur en empêchant le rayonnement.

Nous ne voulons pas nier l'influence, très faible d'ailleurs de la chaleur terrestre pendant la végétation houillère, mais nous affirmons que le soleil échauffait la Terre bien autrement qu'aujourd'hui : car, dans le cas contraire la chaleur terrestre eut été tout à fait insuffisante.

D'ailleurs, il faut admettre le refroidissement du soleil : nous ne pouvons pas concevoir qu'un corps puisse sans cesse émettre de la chaleur sans se refroidir et le soleil ne peut échapper à la loi commune.

Le ciel nous a déjà donné bien des exemples d'astres enflammés qui se sont éteints. « En « l'année 389, dit Bouffard, une étoile apparaît « pour la première fois aux yeux des hommes : « elle brille pendant trois semaines puis elle « s'éteint et disparaît pour toujours.

« Depuis cette époque, le même phénomène « s'est présenté bien des fois à notre observation « et même depuis seulement neuf années, on a « vu disparaître six étoiles dans la constellation « des Poissons, trois dans celle du Taureau, etc. « Quelques autres perdent leur éclat comme si « elles allaient disparaître, pendant que d'autres « sont aperçues pour la première fois. »

« Le soleil n'est pas éternel, dit Camille Flam- « marion. Les flots de chaleur qu'il répand cons- « tamment autour de lui et qui, à travers l'es- « pace glacé, vont réchauffer la Terre à trente sept « millions de lieues épuisent sensiblement la force « vive qui l'anime.

« Il est difficile de réparer intégralement une « pareille déperdition et les siècles amènent une

« inévitable diminution dans sa chaleur et dans sa
« lumière. »

Le soleil se refroidit donc dans la suite des
siècles et il faut bien le supposer d'ailleurs, en
jugeant par analogie. Sera-t-il jamais possible à
l'homme de mesurer ce refroidissement, quelle
que soit la délicatesse de ses instruments?

Les théories abondent qui voudraient démontrer l'entretien de la radiation solaire, mais est-il
prouvé que l'entretien de la puissance calorique
est égal à la déperdition?

Le soleil n'est pas incorruptible comme le
croyaient les anciens, il est matière comme le
reste de l'Univers, il est éternel en tant que
matière; mais la manière d'être de celle-ci est de
changer toujours à chaque division du temps et
elle peut s'appeler : « *Instabilité* » la grande loi
qui régit le monde.

Un fait seul suffirait à démontrer le refroidissement lent du soleil. Il ne repose sur aucune
hypothèse, sur aucune théorie, mais sur l'observation même des couches de la Terre. Pendant
la période tertiaire, à l'époque de l'Eocène pari-
sien, le climat moyen de nos contrées était égal à
la température moyenne actuelle des contrées
équatoriales, c'est-à-dire de 32 à 35 degrés environ. A cette époque, les Palmiers, les Fougères
arborescentes et toutes les plantes dont les espèces
actuelles appartiennent au climat tropical peuplaient l'Europe centrale dont la température

moyenne actuelle est de 15 a 16 degrés seulement.

La différence calorifique entre l'époque tertiaire et l'époque actuelle est donc de 20 degrés environ. Or, si nous admettons la chaleur stationnaire du soleil, nous devons donc rapporter cette différence de 20 degrés a la chaleur centrale se faisant sentir a la surface.

Mais, l'époque éocène est, géologiquement parlant, peu éloignée de l'époque historique. Le temps qui s'est écoulé entre les deux époques ne dépasse certainement pas 50.000 ans : ce serait une diminution de $\frac{2}{10}$ de degré par siècle.

Donc, les géologues partisans de la chaleur centrale comme mode d'action pendant la période houillère et pendant celles qui ont suivi, se trouvent en face du dilemme suivant :

Ou la Terre se refroidit rapidement, ainsi que le démontre la progression décroissante que nous venons de citer et il faut supposer pour la période houillère qui eut lieu des millions d'années avant l'époque tertiaire, une chaleur superficielle tellement excessive que nul végétal n'aurait pu résister. Cette chaleur pourrait se traduire par des centaines de degrés ; ou la Terre se refroidit lentement et, dès lors, sa chaleur propre superficielle depuis la période tertiaire, relativement peu éloignée de l'époque actuelle, se serait continuée et nous pourrions encore constater de nos jours une chaleur de 5 à 6 degrés, ce que l'observation est loin de confirmer [1].

D'ailleurs, si la Terre s'est refroidie lentement et si sa chaleur superficielle vers le milieu de la période tertiaire atteignait encore 10 à 12 degrés, comment la période glaciaire aurait-elle pu succéder immédiatement à cette époque ?

D'après les calculs de Fourier, la chaleur intérieure n'ajoute pas $\frac{1}{30}$ de degré à la température moyenne des diverses contrées de la Terre. Selon M. Poisson, cette chaleur à la surface ne dépasserait pas $\frac{1}{10}$ de degré qui, pour se réduire de moitié, exigerait plus de mille millions de siècles et pour arriver à une diminution de 10 degrés, il faudrait que la surface rayonnât dans l'espace pendant des millions de milliards de siècles !

M. Poisson s'exprime ainsi dans son *Mémoire sur la température du Globe :* « Si l'accroissement « de température observé dans le sens de la pro- « fondeur provenait réellement de la chaleur d'ori- « gine, c'est-à-dire de la chaleur centrale, il s'en- « suivrait qu'à l'époque actuelle, cette chaleur ini- « tiale augmenterait la température de la surface « même d'une petite fraction de degré; mais,

---

[1] Volger fixe le temps qui s'est écoulé depuis la formation de la première couche neptunienne jusqu'à nos jours par 650 millions d'années. Ce chiffre n'est pas exagéré. Le Nil qui exhausse son sol de 11 centimètres par siècle demanderait 150 millions d'années pour former tous les terrains de transition qui ne sont qu'une partie des terrains sédimentaires.

« pour que cette petite augmentation se réduisît
« à la moitié, par exemple, il faudrait qu'il s'écou-
« lât plus de mille millions de siècles ; et si l'on
« voulait remonter à une époque où elle était assez
« considérable pour influer sur les phénomènes
« géologiques, on devrait rétrograder d'un nombre
« de siècles qui effraie l'imagination la plus hardie,
« quelle que soit d'ailleurs l'idée que l'on puisse
« avoir de l'ancienneté de notre planète. »

Nous avons déjà dit que les roches à base de silicate et toutes les roches en général d'ailleurs conduisent très mal la chaleur et nous pourrions en fournir des exemples remarquables.

Un fait entr'autres vous le démontrera suffisamment. Sur les flancs de l'Etna, de grandes masses de glaces sont restées intactes au-dessous d'une coulée de laves, bien qu'elles n'en fussent séparées seulement que par une mince couche de débris de roche sans consistance.

Les expériences météorologiques nous démontrent que la plante et l'humus rayonnent pendant la nuit une grande quantité de chaleur. Or, plus le rayonnement d'un corps est grand, plus sa température s'abaisse ; d'où il suit qu'à l'époque houillère, le sous-sol, composé de silicates, roches conduisant très mal la chaleur, ne pouvait fournir au sol superficiel et, par suite, à l'atmosphère dans un même temps, assez de chaleur pour équilibrer la déperdition produite par le rayonnement de la surface pendant les 3, 4, 5 et

6 mois de nuit des contrées polaires (étant donnée l'inclinaison de l'axe terrestre à cette époque) où la température des régions supérieures de l'atmosphère descendait au moins à 40 degrés au-dessous de zéro. Aujourd'hui, dans ces mêmes contrées, à Iakoust (Sibérie), par exemple, situé dans le 62me degré parallèle N. le froid se fait sentir à 115 mètres de profondeur dans le sol.

Nous savons d'ailleurs que les Fougères arborescentes, les Equisitacées, les Palmiers, etc., ne peuvent acquérir tout leur développement qu'avec un climat constant et tel ne devait pas être, d'après ce que nous venons d'établir, le climat d'alors, si l'on admet la chaleur centrale comme principale cause de la chaleur ambiante.

Nous passerons sous silence les brouillards que les géologues plutoniens font élever des sources d'eau chaudes, des mers, des fleuves, des lacs, le tout porté à une température de 30 à 40 degrés, pour former écran au rayonnement. Nous en avons déjà parlé ailleurs. Cependant nous répéterons que, dans ce cas, il se serait établi, surtout pendant les nuits polaires, des courants descendants, qui auraient refroidi singulièrement cette humidité atmosphérique en entraînant une grande partie de ces brouillards à l'état de pluie froide, même de neige sur les cimes des montagnes.

Nous sommes sujets à des répétitions, tant les esprits sont enthousiasmés des merveilles de la chaleur centrale.

Il demeure donc évident que la Terre seule n'a pu entretenir une chaleur suffisante pour assurer les conditions nécessaires au complet développement de la flore primitive.

Il a fallu que le soleil échauffât ces contrées beaucoup plus qu'il ne le fait aujourd'hui et c'est là que nous allons essayer de déchirer un coin du voile qui nous cache les phénomènes de la végétation primitive. La théorie que nous allons émettre n'est que la coordination d'éléments épars dans les productions scientifiques de savants qui font autorité dans la matière. Nous nous sommes appuyés également sur les lois physiques et astronomiques ainsi que sur les expériences les plus modernes.

CHAPITRE III

Le Soleil, par suite de sa vitesse de rotation, projeta dans l'espace toutes les planètes à l'état plus ou moins fluide selon un plan perpendiculaire à son équateur et dans la direction constante de sa rotation. Aussi, voyons-nous la plupart de toutes les planètes tourner dans cette direction.

Certaines d'entr'elles, principalement Pallas, s'écartent de ce plan général. Il est logique d'admettre qu'elles ont subi un dérangement postérieur à leur création, car il est impossible de démontrer comment un point matériel s'échappant par la tangente puisse former avec elle un angle quelconque.

Si donc une planète peut subir des variations aussi grandes dans son orbite, *a fortiori*, peut-elle en subir dans la direction de son axe de rotation.

Il est admis aujourd'hui, d'après la théorie de l'illustre Laplace, que chaque planète est le résultat de la rupture d'un ou plusieurs anneaux de matières gazeuses ou fluides formés perpendiculairement autour de l'équateur solaire, par suite du retard de la pesanteur sur la vitesse de rotation.

Or, ces masses détachées de l'anneau, eurent dès lors chacune une existence propre, et, tournant sur elles-mêmes, se condensèrent autour d'un point qui n'était autre que le centre de gravité. L'axe de rotation devait donc être perpendiculaire à l'anneau disparu, ou, en d'autres termes, parallèle à l'axe de rotation du soleil. Pour admettre qu'en se séparant de l'anneau, elles se soient inclinées sur leur axe, il faudrait supposer que le centre de gravité était différent du centre de condensation, ce qui est physiquement impossible. Ce n'est donc que postérieurement à cette condensation qu'elles se sont inclinées.

Les planètes ont, de la même manière, donné naissance à leurs satellites selon le plan de leur équateur. Ceux-ci doivent donc se mouvoir dans un orbite à peu de chose près perpendiculaire à ce plan. Or, l'orbite décrit par la Lune coupe celui de la Terre selon un angle correspondant à l'inclinaison de celui-ci. N'est-ce pas la meilleure preuve que notre globe a subi une inclinaison postérieure à sa formation.

Primitivement donc, la direction de l'axe de rota-

tion de toutes les planètes a été identique, c'est-à-
dire parallèle à l'axe de rotation du soleil et c'est
dans la suite des siècles que ces axes se sont inclinés
sur les orbites à la suite d'une cause toute extérieure, la rencontre fortuite et l'adjonction d'un
astre plus petit circulant dans un plan différent ou
dans le même plan avec une vitesse plus grande
ou plus petite.

En ce qui concerne la Terre, on pourrait affirmer
avec une grande certitude que l'inclinaison de
l'axe de rotation est due à l'adjonction d'une masse
puissante sur un point de sa surface et que cette
masse ne serait autre que l'Australie.

Cette grande île ne rappelle en rien les forma-
tions terrestres, elle est comme une étrangère
fourvoyée sur notre globe. L'étude de son sol amène
forcément à lui accorder une origine cosmique.

M. Dufresne dans une communication faite à la
Société de Géographie (Février 1872) soutient cette
opinion. Si l'on jette les yeux sur une carte dé-
taillée de l'Australie, on aperçoit çà et là des monts
isolés de même nature que le sous sol et qui n'ont
aucune connexion avec une chaîne de montagne
quelconque. On ne trouve ces monts isolés que
dans les îles volcaniques telles qu'en Islande par
exemple.

Cette constatation suffirait à bouleverser toutes

---

[1] V. à la fin de volume la note concernant la chute de l'Australie comme masse météorique.

nos notions de géographie positive et de géographie statigraphique, si l'on attribuait à ces monts et au sol sur lequel ils reposent une origine terrestre. Nous ne nous étendrons pas davantage sur ce sujet, renvoyant nos lecteurs à une note spéciale placée à la fin de cet ouvrage.

Nous ne sommes pas les seuls qui admettons l'inclinaison de l'axe pendant les périodes géologiques. Nous lisons dans la Bibliothèque Universelle Avril 1835 : « M. Lindley remarque avec « raison que les plantes des pays équatoriaux ont « besoin de lumière distribuée également, autant « que de chaleur. Un très petit nombre d'espèces « végétales peuvent supporter la privation de lu-« mière pendant plusieurs mois. Il faut donc, pour « que les Fougères en arbre aient pu vivre là où « est le pôle arctique, que l'inclinaison de l'axe de « la Terre sur le plan de l'équateur céleste ait « varié. »

La plante ne vit pas seulement de chaleur, mais aussi de lumière et d'électricité. Nous verrons tantôt la très grande influence exercée par cette dernière dans les phénomènes de la végétation. Sous l'influence de la lumière elles dégagent de l'oxygène et absorbent de l'acide carbonique fixant le carbone dans leurs tissus. Dans l'obscurité, au contraire, l'oxygène de l'air est absorbé et il se dégage de l'acide carbonique provenant de l'oxydation d'une portion du carbone déjà fixé.

Dans ce travail moléculaire, les radiations calorifiques ne peuvent remplacer la lumière. Tout le monde sait qu'une plante transportée dans un endroit obscur, une cave, un placard par exemple, alors même que cet endroit jouirait d'une forte température, finit par s'étioler et meurt souvent lorsque, dans cet état, on la soumet, même graduellement aux rayons solaires.

M. Boussingault, il y a peu de temps, a étudié la vie des plantes dans l'obscurité ; il résulte de ses expériences que les feuilles qui naissent d'un embryon de semence se développant dans l'obscurité, ne fonctionnent plus comme réductrices. L'émission de l'acide carbonique est incessant, jusqu'à ce que la plante ait consommé toute la quantité de carbonne qu'elle contenait.

Or, nous demandons aux géologues qui admettent la chaleur terrestre comme seule cause de la richesse de la végétation houillère, comment les Fougères, les Calamites, les Sigillaria, les Ficoïdes et toutes les plantes de cette époque auraient pu se développer avec tant de force dans les contrées polaires, alors que, étant donnée l'inclinaison de l'axe, elles étaient plongées, selon la latitude, pendant de longs mois dans la nuit complète.

C'était la désorganisation assurée de ces plantes si friandes de lumière.

Les géologues plutoniens font intervenir les aurores boréales pendant ces périodes d'obscurité pour remplacer la lumière solaire. Les aurores boréales étaient impossibles comme existence et comme action. Comme existence, parce que ce phénomène exige dans les basses comme dans les hautes régions de l'atmosphère la présence de particules glacées qui ne pouvaient exister, étant donnée la grande chaleur terrestre admise par ces géologues. Comme action, parce que, avec cette grande température, les brouillards intenses et élevés qu'ils sont obligés de faire intervenir pour empêcher le rayonnement nocturne des contrées polaires, n'auraient pas permis aux aurores boréales d'atteindre tout leur éclat. Elles seraient restées une lueur terne et sans effet.

CHAPITRE IV

LES MOBILES DE LA VÉGÉTATION

Les deux pôles de la Terre sont deux gigantesques réfrigérants. On ne se représente pas suffisamment le rôle immense que jouent ces deux zones dans la météorologie générale et de combien, ils refroidissent tous les climats, surtout ceux des contrées qui leur sont voisines.

La chaleur solaire est en lutte constante avec ces deux redoutables adversaires qui, avec leurs courants atmosphériques et océaniques, empêchent ses radiations calorifiques de manifester, comme elles le devraient, leur action sur le sol et dans l'atmosphère.

Les contrées polaires sont la cause première de ces immenses courants constants connus sous le nom de vents alizés. Ces vents généraux portent la fraîcheur, sinon le froid, partout où ils passent ; près des tropiques, ils se neutralisent réciproquement à une certaine distance : la région ainsi circonscrite prend le nom de zone des calmes. Aussi les régions situées dans cet espace sont-elles accablées d'une chaleur étouffante : la végétation y est prodigieuse de sève : c'est la zone des grands phénomènes électriques.

Si donc, les contrées polaires qui, à elles seules occupent le quart de la superficie totale du globe n'existaient pas, la température de celui-ci serait toute autre. Si, en même temps, la Terre n'était pas inclinée sur son axe, le climat de toutes les contrées resterait constant, ce qui, déjà, serait une cause très favorable au développement de la végétation.

Le nord de la France verrait son climat égaler celui de l'Espagne, tout serait changé à la surface de la Terre : et la distribution de la flore et la distribution de la faune. Toute la végétation remonterait vers les pôles, comme elle est descendue vers l'équateur à la suite de l'inclinaison de l'axe et du refroidissement des pôles qui en a été la conséquence. En supposant quelques degrés de plus dans la chaleur solaire, les Palmiers et les Fougères arborescentes pourraient vivre dans l'Europe centrale comme ils y vivaient à l'époque tertiaire moyenne.

Comme nous le disions plus haut, les glaces polaires ne sont apparues qu'après l'inclinaison de l'axe, et elles changèrent rapidement les climats qui avaient déjà subi un notable abaissement depuis l'époque azoïque par suite de l'abaissement de la température solaire.

Il n'est pas nécessaire de recourir, comme l'ont fait la plupart des géologues, à une température humide excessive pour expliquer la rapidité de croissance et la richesse de la végétation primitive. L'électricité et l'acide carbonique ont joué une rôle égal, sinon supérieur, à la chaleur, ainsi que nous le verrons plus loin.

Il résulte des expériences de M. Becquerel, expériences qui ont captivé l'attention de l'Académie des Sciences, que des courants électriques circulent dans la tige, les branches et les feuilles de toutes les plantes. Suivant ce savant professeur, la sève n'est développée que par l'électricité du sol. C'est également par ces courants qu'il explique l'altération subie par la sève, et tout le monde sait que la croissance des plantes est d'autant plus active que le temps est orageux. Cette croissance est encore plus vive lorsqu'un peu de chaleur favorise le développement des réactions chimiques qui s'opèrent pendant le trajet de la sève dans les vaisseaux.

Il est évident que ces courants ne sont dus qu'à l'état électrique du sol par rapport à celui de l'atmosphère ; d'où il suit que les plantes sont les conductrices naturelles de l'électricité qui s'écoule du sol dans l'atmosphère et *vice versa*. A chaleur égale, lorsque le vent souffle du Sud, la végétation est plus active que lorsqu'il se trouve à l'Ouest et à l'Est, par exemple. La végétation prend alors une nouvelle vie, il semble qu'une

puissance mystérieuse, invisible se plaise a accumuler cellules sur cellules, tous les rameaux paraissent vouloir s'élancer vers le ciel.

A quoi tient cette influence des vents du Sud?
C'est qu'en même temps qu'ils soufflent de cette
direction, l'état électrique de l'air s'accroît avec
l'humidité. Un courant continu s'établit lentement,
sans secousse de l'atmosphère dans le sol par
l'intermédiaire des plantes dont l'humidité aug-
ment la conductibilité.

On a vu, pendant un jour d'orage, un agavé
s'allonger presque a vue d'œil et un sainfoin
oscillant (Hedysarum girans) s'élever de plusieurs
centimètres en quelques heures, tandis que le
mouvement de ses feuilles était infiniment rapide.
Sous les Tropiques, ou l'action électrique est
plus forte, on peut parfois suivre la croissance
d'un bambou comme l'on suit la marche d'une
aiguille sur un cadran.

Ces quelques exemples démontrent bien la
grande influence de l'électricité dans les phénomènes de la végétation: elle n'est pas seulement
favorable, mais nécessaire.

Cependant, il est des végétaux qui semblent faire
exception à cette règle, ou du moins s'en écarter
beaucoup : ce sont les arbres essentiellement
résineux : les Conifères. Ils subissent moins que
les autres des temps d'arrêt dans leur développement, lorsque l'état électrique de l'air est nul; ils
ne participent pas au réveil qui se manifeste

lorsque ce même état électrique s'accroît. Cette anomalie s'explique facilement, la résine étant une substance mauvaise conductrice de l'électricité et nous en verrons plus loin les conséquences.

De nombreuses observations et de nos recherches personnelles, il résulte : que deux plantes de même nature étant soumises, l'une à une chaleur ambiante de 25 à 28 degrés et l'autre à une chaleur de 12 à 15 degrés seulement, mais sous la dépendance d'un courant électrique, la seconde dépassera la première en croissance. Si, en même temps, on fait dégager, en petite quantité, de l'acide carbonique tant sous les racines qu'autour de la plante, de façon à lui constituer une atmosphère contenant 10 à 15 % de ce gaz, cette plante prendra alors des proportions inattendues que la première, quelle que soit sa haute température, ne pourra jamais atteindre.

Ces expériences diverses nous ouvrent une voie toute nouvelle pour la compréhension facile des phénomènes de la végétation houillère sans qu'il soit besoin, nous le répétons, d'avoir recours à une chaleur superficielle considérable qui, vu le peu de conductibilité des roches se manifesterait encore aujourd'hui à nos instruments même les plus grossiers.

Mais il est inutile d'insister davantage sur ce point, nous avons suffisamment démontré la faible influence de la chaleur terrestre pendant la période houillère.

Avant l'inclinaison de l'axe terrestre, les contrées polaires jouissaient d'un printemps perpétuel, comme position de la Terre par rapport au soleil, bien entendu. Les contrées situées dans l'espace circonscrit par le cercle polaire jouissaient d'une douce température et les points situés sur ce cercle avaient les rayons solaires sous un angle de 23 degrés environ.

Or, l'expérience nous démontre que sous cet angle, la chaleur reçue est trois fois moindre qu'au zénith. Il suffisait donc que ces contrées jouissassent d'un climat de 20 à 25 degrés seulement pour que les phénomènes végétatifs de l'époque primitive aient pu s'accomplir, étant donnée surtout l'existence d'une grande quantité d'électricité et d'acide carbonique et nous avons eu l'occasion de voir que ce gaz était très abondant à l'époque préazoïque.

C'est alors que les eaux de pluies, chargées d'acide carbonique, dégradaient les roches primitives, les décomposant lentement, formant du carbonate de chaux entraîné dans les mers, mais y restant dissous sous une forte pression et dans un excès d'acide carbonique.

L'état électrique de l'atmosphère était intense à ces époques reculées, il se manifestait par des décharges violentes parfois ou par un écoulement lent vers le sol. Les contrées polaires sont encore actuellement influencées par des phénomènes électriques que les nuits de ces pays nous font

apercevoir à certaines époques de l'année et désignés sous le nom d'aurores boréales ou australes.
Mais, quelle que soit la périodicité de ce phénomène, il n'en existe pas moins, en dehors de ces
apparitions, un écoulement paisible du fluide électrique vers le sol.

Nous connaissons la cause de ce curieux phénomène qui, dans les temps primitifs de la flore,
a joué un rôle immense. Les contrées équatoriales
sont soumises à un échauffement continuel pro-
duisant une intense évaporation. Les vapeurs qui
s'élèvent ainsi des mers se chargent d'électricité
positive, tandis que le sol, au contraire, s'électrise
négativement; la neutralisation s'opère au moyen
des couches inférieures de l'atmosphère.

Or, nous avons dit qu'à l'époque houillère, il
suffisait, dans les contrées polaires, d'une température de 20 à 25 degrés pour que la végétation
pût y acquérir un développement considérable.
La température équatoriale était donc très grande
et pouvait osciller entre 60 et 65 degrés. Aussi,
affirmons-nous, et nous en donnerons la preuve
dans notre *Mémoire sur les périodes géologiques*,
que les dépôts de houille de la zone torride et
des contrées environnantes sont plus jeunes que
ceux des régions polaires et tempérées.

Combien grande était l'intensité d'évaporation,
s'exerçant dans cette chaudière équatoriale! Quelle
n'était pas aussi l'intensité électrique de l'air! Un
écoulement continu, sans relâche, se manifestait

de l'atmosphère à la terre. Celui-ci était dans un état perpétuel d'orages, et, si nous nous reportons aux phénomènes que nous avons indiqués en établissant la relation qui existe entre l'électricité et la végétation, nous verrons tout de suite de quels bienfaits jouissait cette dernière.

La croissance des arbres devait avoir quelque chose de prodigieux : ainsi s'explique pourquoi nos Lycopodes, nos Prêles et d'autres espèces s'en rapprochant parvenaient à des proportions gigantesques que nous ne leur connaissons plus, maintenant que les uns sont relégués au fond de nos bois et que les autres végètent tristement dans nos fosses.

C'est au milieu de cette étuve, étuve pleine de lumière, d'électricité et d'acide carbonique ; c'est au milieu de ce rendez-vous des forces physiques dont l'exaltation se retrouve après bien des siècles et des révolutions, que se développa la flore primitive.

La pluie entraînait de l'acide carbonique, les végétaux se l'assimilaient et l'électricité favorisait cette digestion ; les explosions électriques décomposaient l'air, en formant, comme nous le remarquons encore de nos jours pendant nos pluies d'orages, de grandes quantités d'ammoniaque qui, en présence de l'acide carbonique libre, arrivait au sol sous forme de carbonate, nouvel élément de végétation qui s'ajoutait aux autres.

Quelle exubérance de végétation ! quelle ri-

chesse de sève dans les végétaux qui formaient
ces forêts immenses, impénétrables que nous rappellent si peu les forêts vierges du Nouveau-
Monde. La lumière du soleil, beaucoup plus active
qu'aujourd'hui, favorisait d'une manière toute
particulière la fixation du carbone dans les tissus
végétaux. Comme la chaleur, comme l'électricité,
elle s'est en quelque sorte matérialisée dans
leur substance et aujourd'hui, sortant de son
sépulcre, vient, sous une autre forme, éclairer
nos rues et nos habitations. Pour ses besoins,
l'homme met en jeu sous des formes diverses les
manifestations solaires, les ondes lumineuses et
calorifiques parties de l'espace il y a des millions
d'années !

Le terrain et le milieu ambiant jouent le prin-
cipal rôle dans la végétation; c'est ce qui explique
pourquoi beaucoup de végétaux de la période
houillère ne sont pas parvenus jusqu'à nous.
Des conditions physiques toutes autres, jointes a
un changement profond dans la nature chimique
du sol, ont peu à peu créé un nouveau milieu
dans lequel ces premiers végétaux n'ont pu vivre.
D'autres y sont nés, s'y sont établis lentement, avec
une organisation toute différente des premiers et
ces divers milieux ont, pour ainsi dire, tracé des
limites aux époques de la végétation houillère.

Un petit nombre des espèces qui composaient
la flore primitive a passé à travers les âges et
les révolutions géologiques pour parvenir jusqu'à

nous ; dans les espèces qui restent, l'observateur y découvre des différences notables avec celles qui vivaient aux époques reculées de la période carbonifèrienne. Le type seul est resté, mais les formes anatomiques secondaires ont été altérées plus ou moins, se mettant ainsi mieux en harmonie avec le milieu ambiant. Telles sont les Calamites qui, sauf les proportions, réunissent tous les caractères généraux des Prêles actuelles ; les Lépidodendrons, plantes tout à fait analogues, mais bien autrement puissantes, à nos Lycopodes et certaines Fougères qui se rapprochaient des espèces actuelles tant par la forme que par leur constitution anatomique.

De tous ces types généraux, rayonnaient un grand nombre d'espèces qui se sont éteintes plus ou moins tard dans les âges du monde végétal. La famille des Fougères qui, aujourd'hui, compte relativement peu d'espèces, en possédait plus de trois cents ; la famille des Lycopodiacées en comptait 85 ; la famille des Équisétacées en comptait 13 ; les Conifères étaient représentés par 16 espèces.

Non seulement, et pour les raisons que nous avons exposées plus haut, des espèces se sont éteintes, mais aussi des familles entières : telles sont les *Astérophyllites*, les *Anularia*, les *Stigmaria*, les *Fucoïdes* et une grande quantité de plantes que le géologue n'a pu retrouver à cause de leur petitesse.

La seule cause doit en être attribuée à la loi des

milieux, loi très complexe que l'homme a bien reconnue dans son plan général, mais dont certaines particularités lui échappent, telle que l'action de la plante sur la plante, par exemple, dont le mode d'action lui reste inconnu.

C'est cette loi qui a présidé à l'évolution progressive des espèces végétales sur la surface du globe, depuis le champignon modeste jusqu'au baobab monstrueux.

C'est elle qui a limité la vie de certaines espèces à telle ou telle période, tandis qu'elle a permis à d'autres de passer à travers les âges géologiques tout en modifiant le rapport de leurs parties relativement au type général.

Les végétaux qui ne se prêtent pas à cet assouplissement organique disparaissent du monde, les plus indifférents qui s'y soumettent se séparent par degrés insensibles du genre dont ils faisaient primitivement partie ; ils deviennent, une espèce particulière et individuelle. Ainsi, nos diverses espèces de Fougères, comme nos diverses espèces de Prèles, dérivent chacune d'un seul individu typique que les influences extérieures et les influences locales ont amené lentement à une altération plus ou moins profonde dans ses parties secondaires.

Cette loi des milieux régit le monde animal comme le monde végétal, en voici un exemple. Les villes de Bogata, de Miquipampa (3618 mètres d'altitude), de la Paz (alt. 3717 mètres), de Puno

alt. 3222 mètres , de Potosi alt. 4166 mètres
voient leurs habitants passer des nuits à danser,
sans ressentir en aucune manière les effets quelques fois pernicieux de la raréfaction de l'air, bien
que les altitudes de ces différentes villes dépassent
l'altitude du Mont-Blanc où des hommes vigoureux ne peuvent pas faire 20 pas sans s'asseoir.
L'anatomie nous montre que les habitants de ces
hautes régions diffèrent essentiellement par leur
constitution physique des habitants des plaines
basses. L'organisation concrète du type primordial
de la race s'est modifiée et mise en harmonie avec
le milieu extérieur. Le tronc s'est développé aux
dépens des membres et les poumons ont pris une
extension anormale.

Si nous insistons sur ces détails, c'est parceque
l'influence des causes extérieures a été toute puissante sur le mode d'arrivée, d'extension ou de diminution des espèces végétales primitives.

Ainsi les *Calamites*, les *Fougères*, les *Astérophyllites*, etc., font leur apparition dans l'étage
silurien supérieur et dans l'étage dévonien ; mais
ces espèces sont rares. Elles seront plus variées
dans la période houillère, pour les unes s'étein-
dre avec cette période et les autres se continuer
dans les époques ultérieures, notablement amoin-
dries comme variété ou altérées comme espèce.
Les *Cycadées* commencent leur existence quelques
temps avant la fin de la période houillère, mais aussi
par un petit nombre d'espèces ; tandis que dans la

période secondaire, notamment à l'époque liasique et jurassique, elles atteignent leur maximum de développement.

On en trouve trente espèces dans le lias, trente-cinq dans le terrain jurassique proprement dit. La richesse des espèces commence alors à diminuer notablement, le keuper n'en compte plus que neuf, le terrain crétacé six, le terrain tertiaire trois qui ont résisté et sont venus jusqu'à notre époque en se divisant en de nouvelles variétés habitant actuellement l'hémisphère sud.

La famille des Conifères n'est arrivée que vers la fin de l'époque houillère, elle était représentée par des espèces à peu près analogues à celles que nous possédons encore actuellement, et il est vraiment surprenant de constater que c'est la seule famille qui, vivant avec les Fougères en arbre, les Equisétum, les Lépidodendrons et les Palmiers des époques primitives sous un climat très chaud, soit restée dans les contrées les plus froides en conservant ses dimensions premières.

Les premiers voyageurs qui parcoururent le Nouveau-Monde furent surpris de rencontrer le pin à côté du palmier, deux plantes qui, cependant, semblent se fuir. Christophe Colomb écrivait à Ferdinand le Catholique : « l'on trouve des pins et des palmiers dans la terre nouvellement découverte. » Jusqu'ici ce phénomène bizarre est resté inexpliqué, le problème est encore entier. Peut-être, y a-t-il là une relation marquée entre la composition chimique de la sève et les phénomènes atmosphériques, relation qui rendrait les Conifères indifférents au choix du climat.

Toutes les plantes, a des degrés divers, sont sensibles aux phénomènes électriques : c'est là un fait démontré et admis. L'électricité est en rapport direct avec le climat, plus il sera chaud, plus l'intensité électrique sera grande ; l'atmosphère des climats froids offre un état électrique presque nul, se manifestant par quelques coups de vents ou de rares orages. Les végétaux les plus sensibles a l'électricité sont ceux qui la laissent passer le plus facilement à travers leurs tissus, tels sont les champignons que les grands orages détruisent complétement. Or, des réactions chimiques qui s'exercent pour l'accroissement des plantes et de la force ascensionnelle de la sève, il se dégage non seulement de la chaleur, mais aussi de l'électricité en notable proportion, électricité qui se disperse tout aussi vite qu'elle est formée, et dans l'atmosphère par les rameaux et les feuilles, et dans le sol par les racines [1]. Cette électricité fugace ne sert que fort peu aux phénomènes physiologiques de l'assimilation.

[1] Les phénomènes de circulation de la sève sont très curieux à observer au point de vue du travail mécanique développé.

Hales a constaté que la sève d'un ceps de vigne peut soulever une colonne de mercure jusqu'à un mètre de hauteur. La tension produite est donc environ 5 fois celle du sang artériel d'un cheval.

Les arbres résineux, au contraire, ne sont pas influencés, ou du moins le sont dans de faibles proportions, par l'électricité ambiante ; mais, par contre, ne laissent pas échapper celle qui se développe dans leur intérieur, elle est dépensée totalement pour concourir aux phénomènes de la végétation, comme l'électricité atmosphérique concourt à la croissance des plantes bonnes conductrices.

Peut-être est-ce la seule cause qui ait permis et qui permette encore aux conifères de pouvoir se développer indifféremment dans les zones chaudes comme dans les zones froides. D'où résulterait cette loi générale : moins les plantes sont bonnes conductrices de l'électricité, mieux elles peuvent s'acclimater.

Ces phénomènes mériteraient d'être étudiés plus particulièrement, peut-être en résulterait-il de nombreuses applications pour les besoins de l'homme.

CHAPITRE V

L'ORGANISATION VÉGÉTALE PRIMITIVE —
SA PROGRESSION

Les lois de la Nature sont simples. Elle procède progressivement, d'une façon paisible, du plus simple au plus complexe ; elle arrive ainsi a des résultats que l'esprit humain ne saurait embrasser. Déjà, dans les premières lignes de cette étude, nous avons dit que la Vie avait été inaugurée par une cellule dont la transformation et le développement ont formé les végétaux, puis les animaux. La vie de l'homme ne suffit pas pour apprécier ces diverses évolutions de la matière organisée. Les degrés en sont insensibles, ce n'est qu'après de longues périodes séculaires qu'ils prennent une forme palpable et il a fallu de longues et patientes études pour se convaincre de cette lente transformation de la matière universelle.

Il est vrai, que tous les jours, la Nature, tantôt par des phénomènes sensibles, mais inoffensifs, tantôt par des manifestations grandioses détrui-

sant en un instant ce qu'elle a si péniblement édifié pendant des siècles, nous montre que les
formes revêtues par la matière ne sont pas inalté-
rables, mais elle semble prendre un soin jaloux
à nous cacher les modifications paisibles qu'elle
accomplit à chaque division du temps dans la matière organisée.

De même que les poussières cosmiques tombant
invisibles à la surface de notre globe en augmentent peu à peu le poids et le volume, de même,
s'accomplit au sein de la matière, avec une lenteur
méthodique, des changements profonds que l'œil de
l'homme ne peut suivre tant ils sont insensibles.

Le monde animé est né d'un point matériel : la
cellule. De ce point ont rayonné un nombre infini
de formes plus ou moins complexes qui se sont
perpétuées ou transformées à travers les âges.

Aux confins de la vie végétale, commence la vie
animale et il est difficile d'établir une ligne nette
qui sépare les deux règnes tant la vie de l'un et
de l'autre a commencé par des formes incom-
plètes qui se ressemblent au point qu'il serait peut-
être rationnel d'affirmer que le règne animal procède du règne végétal, affirmation hardie sans
doute, mais qui s'appuie sur tant d'observations
et de déductions ! [1] Quel chemin parcouru depuis
la naissance de la première cellule !

[1] La vie animale comme la vie végétale dérivant chacune d'un
point a donné lieu à de singuliers hybrides

A l'époque de la vie primitive, où tous les éléments nécessaires à l'existence étaient puissants et nombreux, où la force vitale était, en quelque sorte, dans un état permanent de surexcitation, les modifications organiques s'accomplissaient plus rapidement qu'aux époques plus rapprochées de nous.

Nous allons étudier la progression suivie par la Nature pour arriver à constituer la supériorité de formes que nous remarquons aujourd'hui et que ne peuvent nous offrir ni la flore ni la faune primi-

« Sur les limites extrêmes de la vie animale, dit M. Jules « Gérard, on rencontre quelque fois de singulières productions. « Ainsi les *mouches-feuilles* sont de véritables insectes orthop- « tères, présentant l'aspect de véritables feuilles.

« L'œil le plus attentif peut à peine distinguer sur les ra- « meaux de l'arbuste, l'insecte qui en reproduit fidèlement la « feuille. La nature a même orné les pattes d'expansions folia- « cées ajoutant encore à l'illusion. Certaines parties du corps « de cet insecte sont comme desséchées, elles prennent une cou- « leur de vanille qui achève de tromper les yeux.

« Leurs ailes complètent ces singuliers insectes sans altérer « leur ressemblance avec les feuilles, ressemblance qu'elles « empruntent au goyavier sur lequel elles prennent leur nourri- « ture. » (V. Acad. des Sciences, séance du 11 Juin 1894.)

Il existe en Chine une plante appelée le *Hias-taa-tom-chon*, nom qui signifie que pendant l'été elle est un végétal et que pendant l'hiver, elle devient un ver. Si on la considère de près, vers les derniers jours de septembre, rien, en effet, ne simule mieux un ver jaunâtre long de 15 centimètres sur lequel apparaissent des organes animaux bien distincts

(A. F.)

tive. Mais avant d'entrer dans cette description, il est utile de dire quelques mots de la manière d'être des lois *typiques* naturelles, laissant a chacun de nos lecteurs le soin d'en étendre ou d'en restreindre la portée.

Tout se ressemble dans l'Univers en tant que mode d'action, tout semble se former, se développer selon des lois mathématiques très curieuses a étudier. Les mêmes lois qui ont présidé a la formation du monde, semblent encore présider par les mêmes moyens a l'agrégation de la matière organisée.

A l'origine des choses, a cette époque où toute la matière qui compose l'Univers remplissait l'espace sous forme d'atomes, ce fut un point d'attraction qui provoqua la formation de la grande nébuleuse universelle, point autour duquel elle se condensa peu a peu, donnant naissance a des soleils sans nombre qui, a leur tour, donnèrent naissance a leurs planètes respectives desquelles s'échappèrent encore, d'après les mêmes lois, les satellites qui les accompagnent. V. Pl. I fig. 1.

C'est de ce point que rayonna le monde tout entier, c'est autour de ce centre que tournent les soleils visibles et invisibles avec leur cortège de planètes. L'Univers est une vaste sphère dont tous les points se sont développés autour d'un axe commun.

De la même manière, la Vie est apparue sur la Terre. De la même manière, les végétaux et les animaux naissent et se développent. Ils ont, eux aussi, un point, une molécule de laquelle part leur existence. Ils ont, eux aussi, un axe autour duquel ils se développent et d'où, dans le règne végétal, rayonnent les rameaux, les feuilles constituant comme l'Univers un arbre généalogique. (V. planche I.

La Nature nous montre tous les jours comment elle s'y est prise pour mettre au monde les végétaux dont elle couvre la Terre, elle nous montre la succession lente du simple au composé, et si nous voulons bien saisir cette transition de l'inférieur au supérieur, du protocoque au baobab, il est nécessaire d'étudier pendant quelques instants les diverses façons d'être des végétaux actuels, depuis leur naissance jusqu'à, leur complet développement.

La première étape de l'existence de la plante est une cellule, la vésicule embryonnaire, contenue dans un sac membraneux : l'ovule, renfermée elle même dans une autre cavité : l'ovaire, prolongement de l'organe femelle.

Lorsqu'un grain de pollen cheminant à travers l'organe femelle (pistil) vient à rencontrer la cellule embryonnaire, il en résulte une action génératrice que, jusqu'ici, il a été bien difficile de déterminer d'une façon précise.

A ce contact, la cellule se segmente, se développe rapidement, et, par un processus chimique, accumule autour d'elle, pendant qu'elle passe, à l'état d'embryon, une certaine quantité d'albumen

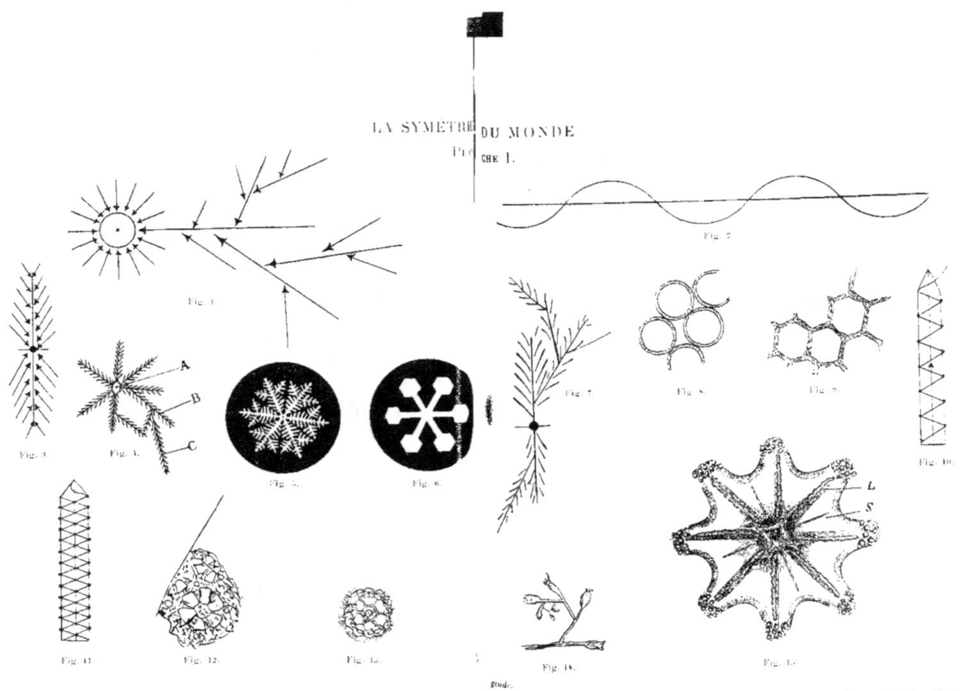

Fig. 1. — Disposition schématique du Monde planétaire montrant plusieurs soleils se mouvant autour du centre de l'Univers et la division d'un système solaire de 1er ou de 2me ordre.

Fig. 2. — Courbe décrite dans l'espace par une planète tournant autour du soleil entraîné lui-même autour d'un centre.

Fig. 3. — Figure schématique d'une cristallisation. Le point noir axial est un centre de cristallisation.

Fig. 4. — Fleur de neige. A, centre de la cristallisation. B et C, rayons. — A comparer à la fig.

Fig. 5 et 6. — Fleurs de neige.

Fig. 7. — Figure schématique du type végétal montrant l'évolution des racines et des rameaux. Une cellule centrale est le point de départ.

Fig. 8 et 9. — Cellules végétales géométriques grossies se développant autour d'un centre qui disparaît avec l'agrandissement de la cellule.

Fig. 10. — Disposition des feuilles et des rameaux autour de l'axe A du type végétal. — Feuilles alternes. — Spirale simple.

Fig. 11. — Disposition des feuilles et des rameaux dans le type végétal à feuilles opposées. — Spirale double.

Fig. 12. — Cellules grossies du Musa enset montrant la disposition géométrique autour d'un centre des cellules secondaires. A comparer à la fig. 6.

Fig. 13. — Grain de pollen très grossi montrant également l'arrangement géométrique autour d'une cellule centrale.

Fig. 14. — Tige de la Grande Consoude. A comparer à la fig. 3.

Fig. 15. — Type animal. — Polypier. A, centre vital; L et S, rayons. A comparer à la fig. 6.

qui plus tard servira de nourriture à la jeune
plante.

Fig. 10

Différents états successifs de segmentation de cellules

Cette cellule primordiale, de transformation en
transformation, devient une graine, c'est-à-dire
un végétal complet à l'état rudimentaire. Sous
l'influence de circonstances favorables, l'enveloppe
se déchire, la graine germe, une partie de l'embryon : la radicule, s'enfonce dans le sol, et l'autre
partie : la gemmule, s'élève dans l'air, obéissant
l'une à la force centripète et l'autre à la force
centrifuge, ainsi que Knight nous l'a démontré.
V. Fig. 7. Planche I.

Le végétal est devenu une tige qui s'allonge de
plus en plus ; plus tard, par une modification de
l'axe et des rayons de celle-ci, se formeront des
bourgeons, des rameaux, des feuilles, selon une
succession plus ou moins rapide.[1] Mais le bourgeon peut être assimilé à une autre graine, à une
autre gemmule se développant en parasite sur la
tige mère et cela est si vrai, que, détaché soigneusement avec une portion du liber et planté
selon des circonstances particulières, il peut dé-

[1] Se reporter pour la comparaison au Plan schématique du
Monde. Pl. I

velopper des racines et devenir un individu par-
fait. De même que le rameau est une modification
de l'axe et des rayons de la tige principale, la
feuille, dans son ensemble pétiole et limbe est
une modification de l'axe et des rayons de celui-
ci et semble constituer un rameau particulier
ayant des fonctions spéciales.

En effet, les feuilles ou même des parties de
feuille de quelques Bégonias et celles de certaines
plantes de l'Amérique du sud, fichées en terre,
donneront naissance à un végétal en tout semblable à celui dont elles faisaient primitivement
partie[1]. Le pétiole prolongé en nervure médiane
peut être comparé à un rameau duquel rayonnent
d'autres ramuscules plus petits possédant à leur
tour des ramifications infimes qui secrétent une
matière verte le Chlorophylle, comme les écailles
du bourgeon secrétent une substance résineuse,
comme les étamines autres feuilles transformées
secrétent le pollen.

Le limbe n'est donc lui aussi qu'une métamorphose du pétiole. Certains végétaux nous offrent
de simples pétioles aplatis phyllodes qui sont des
feuilles avortées et qui en tiennent lieu, telles sont
les feuilles de *Gui* V. Fig. 17. Pl. II ; d'autres portent sur les mêmes rameaux des Phyllodes et des
feuilles décomposées en folioles, *l'accacia à feuilles
dissemblables* par exemple. V. Fig. 18. Pl. II.

[1] Certaines feuilles peuvent comme les rameaux développer
des bourgeons

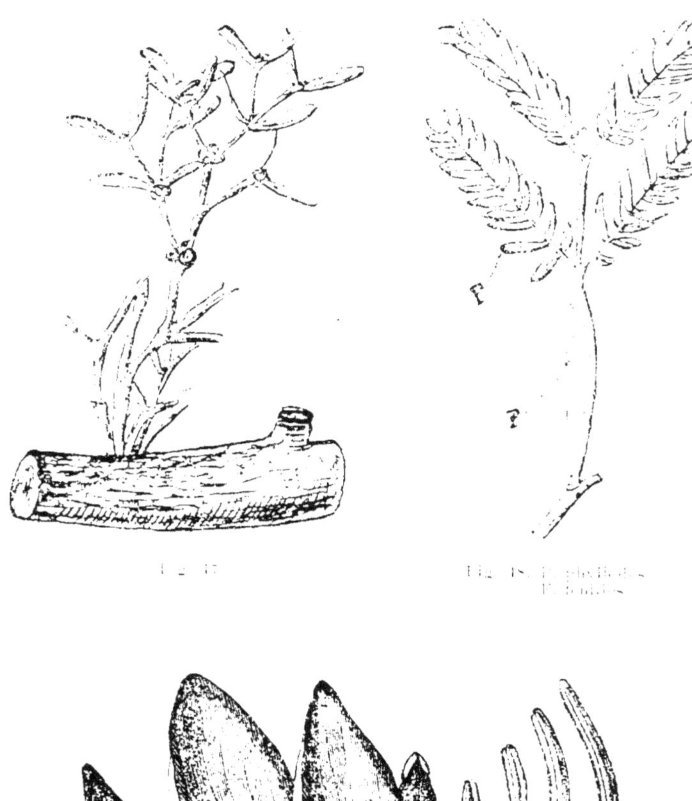

Fig. 17

Fig. 18. — [illegible]

Fig. 19. — Transformation des feuilles en [illegible]

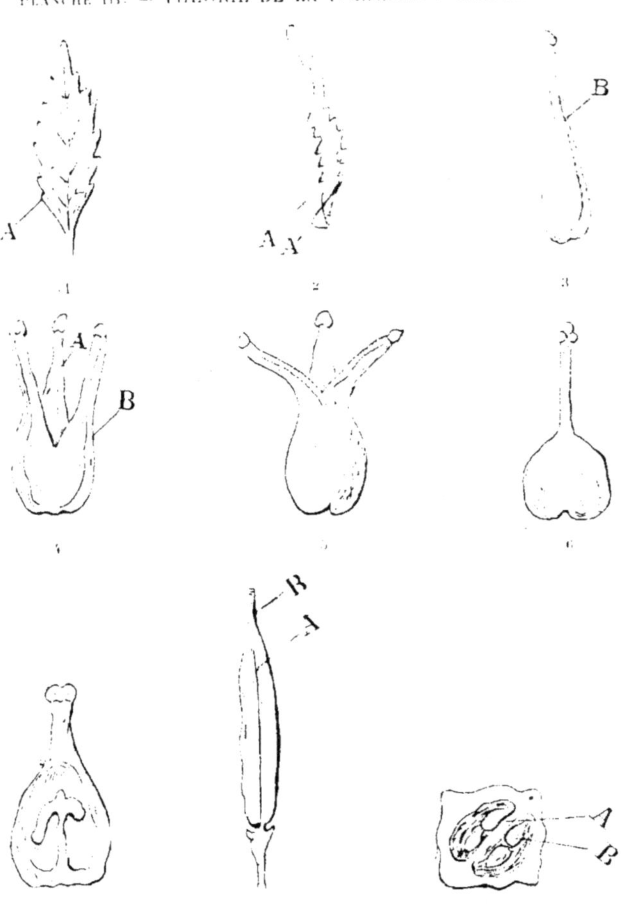

Légende

1. Feuille. A, bords. — 2. La même feuille se repliant sur elle-même A A', bords. — 3. Le carpelle est presque complet, les bords B de la feuille vont se souder. — 4. Assemblage de trois carpelles libres formant un verticille pistillaire : A, bords; B, nervure médiane. — 5. Réunion de trois carpelles libres formant un verticille soudé par les ovaires et par les styles. — 6. Pistil trilobe formé par la soudure presque complète de trois carpelles. — 7. Le même, mais dont la soudure est plus complète. — 8. Silique de Crucifère : A, nervure médiane; B, extrémité pistillaire. — 9. Coupe horizontale d'un ovaire de Crucifère : A, nervure médiane; B, graines disposées sur la nervure.

La fleur considérée dans son ensemble calice, corolle, organes sexuels n'est aussi qu'une modification instable de la feuille. Nous avons vu souvent sur des arbres fruitiers, à la suite d'un hiver pénible, des bourgeons à fleurs donner des feuilles d'une forme anormale.

Pour se convaincre de la transition, on n'a qu'à étudier l'évolution des folioles du nénuphar blanc, par exemple, depuis leur naissance jusqu'à leur complet développement. Voy. Fig. 19. Pl. II. « Les « sépales perdent leur couleur verte sur les bords « et sur la paroi interne ; les pétales à leur tour « se modifient insensiblement à mesure qu'ils se « rapprochent du centre de la fleur, de sorte que « leur transformation en étamines est des mieux « graduée. Les folioles placées plus haut encore, « se referment par leurs bords comme chez les « Ancolies, ou se réunissent bords à bords comme « dans les Verveines ou dans les Millepertuis et « constituent une cavité qui prend le nom d'ovaire. « Les sommets des feuilles qui surmontent « l'ovaire sont des styles[1]. »

Ce sont aussi des feuilles qui secrètent la matière nécessaire à féconder les ovules renfermées dans le réceptacle carpellaire formé lui aussi par une feuille. V. Pl. III.

Cet ovule pourrait donc être assimilé à un bourgeon placé à la base de la feuille carpellaire.

[1] H. Bocquillon — Vie des plantes

comme les autres bourgeons sont placés à l'aisselle des autres feuilles. Si ceux-ci n'attendent
qu'un peu de chaleur et d'électricité pour se développer et passer à l'état de rameau, de feuilles
ou de fleurs, celui-là n'attend que le contact mystérieux d'un grain de pollen pour se développer
aussi et passer à l'état de graine ou de bourgeon
émigrant [1].

[1] On s'est souvent posé cette question : Pourquoi les bourgeons naissent-ils plutôt à l'aisselle des feuilles qu'en tout autre
endroit du végétal ? La raison en est fort simple et nous en
trouvons l'explication toute naturelle dans un phénomène qui se
reproduit tous les jours. Lorsque l'écorce d'un arbre a reçu
une blessure assez profonde, il se forme un bourrelet provoqué
par un afflux de sève dans cette partie, tout comme le sang et
la vitalité affluent vers la partie contusionnée d'un animal quelconque. Par suite de cet afflux de sève, il se développe dans la
partie une très grande quantité de chaleur et d'électricité, cir-
constance sans laquelle aucun bourgeon ne pourrait naître.
Aussi voit-on presque toujours se développer, au-dessus de
ces callosités, des bourgeons désignés sous le nom de bourgeons adventifs.

Or, au point d'intersection de la feuille sur la tige, et par
suite de la respiration foliaire, il se produit également avec
une force plus grande qu'ailleurs, un afflux de sève, une
surexcitation vitale provoquée par l'oxydation de la sève au
contact de l'air inspiré par les feuilles nommées si justement
les poumons des végétaux. Sous cette influence, il se forme
d'abord un petit globule cellulaire qui, en se segmentant, donne
naissance à une ampoule d'un tissu semblable. Celui-ci soulève
l'écorce pendant que des vaisseaux s'y organisent et le mettent
en rapport avec ceux de la tige.

Le bourgeon, dans sa première période, est donc une cellule

On le voit, tout s'enchaîne dans le monde végétal et dans le monde animal comme dans le monde
matériel inerte; tout obéit aux mêmes lois. Le
végétal est d'abord un point qui, en s'allongeant,
devient un axe autour duquel se développe la tige
d'abord et, de transformations en transformations,
les rameaux, les ramuscules, les feuilles, les bourgeons, les fleurs, les graines, les poils, etc., le
tout selon des lois géométriques déterminées qui
font de ce tout une harmonie propre à chaque
espèce et constituent, par leur diversité, ces variétés de formes que notre œil aime tant à con-
templer, cette fusion poétique qui nous remplit
d'admiration. V. Fig. 7 et 11, Pl. I.

Les transitions ne sont pas brusques dans les
créations naturelles, l'esprit de l'observateur suit
avec facilité et une presque certitude les évolutions lentes de la vie végétale, comme le géologue
peut suivre pas à pas l'arrivée et la succession

identique à la vésicule embryonnaire de Lovaie, cellule qui
s'organise par la surexcitation vitale de la partie où elle est
née. S'il nous était permis de tenir plus longtemps le registre
de ces métamorphoses, nous aurions des choses curieuses à
révéler sur la formation des fleurs qui ne sont produites elles
aussi que par une plus grande exaltation végétale, témoin, par
exemple, l'*Arum* vulgaire dont la température, au moment de
sa floraison, dépasse de 7 degrés la température ambiante.

Quant aux bourgeons qui se développent à l'aisselle des
feuilles, ils peuvent comme la graine devenir véritablement
émigrants, comme chez la Ficaire, par exemple.

A. F.

lente des divers végétaux sur la surface de la
Terre. Dans ces âges reculés bien loin dans le
temps, la Nature mit au monde par un mystérieux engendrement les diverses formes dont
nous allons étudier la progression et dont le développement actuel des végétaux de l'ordre supérieur est la vivante reproduction.

Nous l'avons déjà répété plusieurs fois : comme
la plante naît d'une cellule, la vie fut inaugurée
par une cellule! Les premières plantes qui cou-
vrirent la Terre furent des Champignons occupant
le degré le plus bas dans l'échelle végétale; nous
les avons comparés aux Protocoques actuels.

Que peut-on imaginer de plus simple que ces
végétaux? Pas de racines, pas de tige, pas de rameaux; rien! une tache, une tache microscopique
qui nous rapproche du néant!

Qu'on se figure une bulle de savon si petite
que cinq cents alignées équivalent à la longueur
d'un millimètre, et l'on aura une idée assez juste
de la forme et de la taille d'un Protocoque.

Ainsi commença la vie dans le monde végétal!
Si la Nature n'a pas donné à ces infimes de la
création le pouvoir de s'élever, d'atteindre des
formes élégantes, en revanche, elle leur a accordé
un pouvoir de reproduction tel, que, dans un temps
très court, ils couvrent des espaces considérables.
Ce qu'ils perdent en hauteur, en grosseur, ils le
gagnent en étendue. Au lieu de se superposer,
les cellules, en se segmentant, s'étendent, se pla-

cent les unes à côté des autres et elles ont dû tapisser des espaces immenses dès leur apparition, couvrir d'une teinte verte ou rougeâtre le flanc des rochers que la mer laissait à nu.

Ce champignon, le plus intime des végétaux, se reproduit par un mode de segmentation spéciale. De nouvelles cellules s'organisent dans la cellule primordiale à l'aide d'une matière azotée que l'on appelle : *protoplasma*. C'est elle qui, dans chaque cellule mère, prend corps sous la forme de nouvelles ovules, si l'on peut employer ce mot, grossissant à leur tour en rompant les parois qui les emprisonnent, comme l'embryon rompt l'enveloppe de la graine sous l'influence de la chaleur et de l'humidité.

Ainsi s'épanouissait la vie végétale à la surface du globe, tandis que, dans les mers où elle avait été devancée sans doute, des Algues microscopiques analogues donnaient aux flots des teintes rivalisant avec l'émeraude, la topaze, le rubis et le saphir.

Combien cette première végétation devait être rapide dans sa simplicité, si l'on juge combien était grande l'humidité terrestre et grande la proportion d'ammoniaque entraînée avec la pluie du sein de l'atmosphère, gorgeant le sol d'azote dont ces riens sont si friands.

Sur les débris des parents, naissaient et vivaient les fils et les neveux, élevant peu à peu, de génération en génération, la minime couche de matière organique destinée à d'autres un peu plus puissants. Nos chênes, nos cèdres, nos palmiers et toutes les plantes dont nous sommes si orgueilleux ne croissent, ne se développent que par un phénomène semblable à celui de la reproduction de ces infusoires du monde végétal, avec cette différence que les cellules mères ne meurent point et deviennent les aïeules vivantes des milliers de générations.

Dans les végétaux simples qui nous occupent, les cellules donnent la vie à d'autres cellules qui s'étalent sur le sol gagnant toujours en étendue. Dans les végétaux supérieurs, les cellules s'ajoutent les unes aux autres par leur division infinie, se groupent, se superposent et, perdant leurs parois, deviennent ainsi des tubes, des vaisseaux, des trachées, se gorgeant de sève, changeant de nature, s'épaississant et formant ainsi un arbre ou une fleur, un bouleau ou une marguerite.

La vie actuelle n'est qu'un épanouissement de la vie primitive ! La Nature semble n'avoir qu'un cachet dont elle revêt toutes ses productions.

« Ce qui paraît un progrès, n'est en réalité
« qu'un développement dans le vrai sens du mot,
« une division, une analyse de simple en un plus
« grand nombre de parties composant l'ensemble.

« Le nombre 100 est un nombre simple : en se
« développant il peut devenir $99 + 1$, $3 \times 33 + 1$,
« $3 \times 32 + 1 + 1$, 3×4 fois $8 + 1 + 1$, etc.

« Nous pouvons analyser les proportions qui y

« sont contenues et au lieu de 100 unités, établir
« un calcul très compliqué dont le produit final
« sera toujours 100. C'est la marche que suit tout
« développement dans la Nature [1]. »

À la suite de ces êtres si simples qui servirent
d'introduction à la Vie, parurent des végétaux
d'une organisation un peu plus compliquée : ce
furent des champignons dont nos Palmelles pourraient nous donner une idée.

Cette plante nous offre un groupement de cellules presque sans ordre, dans une enveloppe sans
forme bien déterminée. Elles constituent un
progrès sensible vers une organisation plus élevée. Il y a déjà association de cellules dans une
même enveloppe gélatineuse ; bientôt après, se
groupant suivant une disposition régulière, ces
cellules nous donneront des plantes analogues à
nos Nostocs. Comme les précédentes, ces plantes
tapissaient les roches dénudées et le sol humide,
couvrant également les eaux stagnantes et pullu-
lant dans les marécages. Leur mode de vitalité
était des plus simples, elles se nourrissaient seulement de l'air qui traversait leurs membranes ou
prenaient immédiatement à l'eau les substances
nécessaires à leur existence, sans que cette nourriture ait à circuler dans aucun vaisseau. C'était
l'assimilation par absorption immédiate, elles se
gonflaient de nourriture comme le ferait un mor-

[1] Schleiden.

ceau de bois sec immergé dans l'eau avec cette différence que les substances les pénétraient par endosmose.

Dans les mers, la végétation ne se montrait pas en retard ; pendant que la Terre se peuplait de ces Palmelles, les Algues avaient pris une organisation plus compliquée. C'étaient des végétaux analogues à nos Tridochesmies à cloisons filamenteuses qui erraient dans les eaux, se multipliant avec une énergie suprême.

La Nature déployait autant d'amour pour ces frêles existences que plus tard elle en déploya pour la vie puissante d'individus plus capables de se suffire à eux-mêmes ; ces microscopiques champignons lui étaient et lui sont aussi chers que les orgueilleux géants dont la cime altière s'élève vers les cieux.

La vie primitive s'est donc incarnée dans des corps gélatineux sans résistance, inaugurant le combat pour vivre. La vie animale a suivi la même progression synchronique et les premiers représentants de ce règne furent des corps gélatineux microscopiques, ce que le monde animal renferme de plus infime.

Pendant qu'à l'intérieur des mers, la vie gélatineuse va se continuer par des Algues de mieux en mieux organisées, la végétation va prendre sur la Terre un caractère plus consistant. D'abord, des Lichens aux formes les plus diverses et les plus simples, primitivement isolés, puis se groupant, s'associant, formant des cités singulières, étalées elles aussi à la surface des rochers. Ces Lichens sont les premiers végétaux qui décomposèrent la roche en s'emparant des éléments nécessaires à leur nourriture et formèrent à la surface du sol une espèce de terre arable fournie par leurs dépouilles et par celles des roches décomposées tant par leur action que par les phénomènes atmosphériques, terre végétale déjà ébauchée par ces légions de riens qui avaient cependant amassé assez de matières organiques pour assurer la vie de ceux qui devaient suivre.

A la suite de ces Lichens plus ou moins élevés qui essayaient un semblant de tige, ouvrant ainsi la voie à un ordre de végétaux immédiatement supérieurs, vinrent les Champignons à pédoncules terminés par une bourse ou chapeau. Ces plantes, bien simples il est vrai, constituent déjà un immense progrès. Jusqu'ici, la végétation a été pauvre et pourrait se résumer ainsi : absence de tiges et par conséquent de canaux, assimilation par absorption immédiate, végétation étalée à la surface du sol, reproduction par division des cellules simples.

Les premiers représentants de la classe des Champignons à pédoncule ont été de peu de consistance, semblables à ceux que l'on voit naître, se développer et mourir en un jour sur des matières végétales en décomposition et rappelant encore une constitution gélatineuse avec quelques filaments dressés et épars qui en sont toute la charpente.

Quoiqu'il en soit, la végétation a déjà fait un grand pas avec ces végétaux. Un mode nouveau de reproduction a paru, il y a des spores, sortes de microscopiques cellules renfermées dans des sacs disposés à l'intérieur du chapeau. Cependant, la transition n'est pas brusque : les champignons ne vont pas rompre ainsi avec le passé sans en conserver quelque chose.

En même temps qu'ils sont pourvus de séminules pour leur reproduction, ils ont conservé le mode primitif de génération par segmentation, s'opérant à l'aide de ces filaments souterrains que l'on appelle *mycelium*.

Mais la tige est apparue, c'est une victoire de plus que la Nature vient de remporter. Bientôt, ces champignons vont se perfectionner, les espèces vont se multiplier, et avec elles, de nouveaux progrès vont s'accomplir.

C'est l'acheminement vers des plantes plus robustes. En effet, dans les espèces telles que le bolet, l'agaric, on peut déjà distinguer de la périphérie au centre un rudiment d'écorce, un tissu ligneux et un tissu spongieux central.

La tige a conquis sa place dans le monde comme la tigelle d'un embryon ; les rameaux manquent encore aux végétaux terrestres, mais les plantes marines en sont abondamment pourvues : les Conferves, les Characées nous en offrent déjà en

grande quantité. La mer va multiplier ses espèces
végétales, mais là s'arrêtera son progrès : la
végétation marine est destinée à rester presque
gélatineuse : des formes s'ajouteront à des formes,
des quantités à des quantités et ce sera tout.
Mais, tout en n'offrant pas la force des végétaux
terrestres, les plantes marines les surpasseront
en beauté et en légèreté : la Nature les parera des
couleurs les plus vives et des formes les plus élégantes : elle en fera ses bijoux. A celles-ci, elle
accordera la délicatesse, mais la splendeur ; à
ceux-là, la force, la hardiesse, mais des formes
plus massives : le partage sera égal.

Les végétaux que nous venons de passer en
revue ont dû livrer de grands combats aux phénomènes naturels, pour pouvoir s'établir et vivre.
Aussi ce sont ceux qui offrent la vitalité la plus
tenace. Ils ont subi les révolutions les plus terribles, leur modestie a trouvé grâce : ils sont
venus jusqu'à nous, survivant à tous les désastres.
Ils ont la vie dure d'ailleurs ! Que la chaleur les
dessèche, que les roches les ensevelissent pendant des années, une goutte d'eau, un peu de
lumière leur rendra la vie. Ils ont été les premiers sur la scène vivante, ils y tiennent encore
la plus large place. Le pôle s'est d'abord paré de
ces éléments primitifs, puis, beaucoup plus tard,
il a porté des végétaux luxuriants semblant défier
l'avenir. Ils ont disparu, les Champignons, les
Lichens sont restés, qui cherchent à couvrir sa

nudité. Les premiers seront les derniers, la Vie finira par où elle a commencé!

Les Algues se développèrent rapidement dans les mers primitives, à cause surtout de la grande quantité d'acide carbonique qu'elles contenaient. Ce fut une végétation vigoureuse analogue à la puissance de la végétation houillère; ces plantes nombreuses, en dédoublant l'acide carbonique pour en fixer le carbone dans leurs tissus, donnèrent lieu sur certains points concurremment avec les polypiers qui y vivaient en nombre considérable, à la précipitation du carbonate de chaux dissous sous l'influence d'un excès de ce gaz.

Pendant que ces végétaux travaillaient ainsi à l'édification partielle des continents, la végétation terrestre prenait un essor des plus vigoureux. Les Champignons à pédoncules et les grands Lichens qui vécurent sur leurs débris ont opéré la transition nécessaire entre les plantes sous-aquatiques et les véritables plantes terrestres. Les grands Lichens avaient inauguré des embryons de rameaux; avec les nouvelles plantes qui vont suivre, ces rameaux seront plus marqués.

Au premier rang, nous trouvons d'abord les Ficoïdes, petits arbrisseaux très rameux et d'une forme toute particulière. Ces plantes sont les premières qui portèrent des rayons périphériques nettement accusés. Ces rameaux étaient ronds et partaient d'un renflement du tronc. Plusieurs auteurs leur donnent improprement le nom de

feuilles, à cause du pédicule très court en forme
de bouton qui les attache au tronc. Mais cette
forme rappelle plutôt une organisation ramuscu-
laire que foliaire, d'autant plus que ces organes
pouvaient se développer en plusieurs autres rameaux plus petits. Ils ont été une fusion du rameau
et de la feuille, preuve nouvelle que celle-ci, dans
les végétaux dont la foliaison est bien caractérisée,
est une modification particulière du rameau qui
le porte.

Après les Ficoïdes viennent les Calamites, classe
des Verticillées, caractérisés par le grand développement que prenaient la tige et les rameaux aux
dépens des petites écailles qui étaient des rudiments de feuilles. C'étaient des arbres d'une taille
gigantesque, atteignant plusieurs toises de hauteur. La tige était creuse et lisse à l'extérieur,
cloisonnée à l'intérieur; des bourrelets placés
au-dessus des cloisons marquaient l'endroit d'où
partaient les branches. Les feuilles étaient des
écailles ressemblant à de petits pétioles aplatis
et dressés vers les rameaux autour duquel elles
étaient disposées [1].

[1] Il est curieux de remarquer l'analogie frappante qui existe
entre ces bourrelets et le point d'intersection des feuilles sur
la tige des Foliosées. Nous avons vu qu'en ce point était placée
la plus grande vitalité, c'est un centre d'activité végétale qui
serait analogue aux centres nerveux du règne animal. Dans la
plante cette activité est la conséquence rigoureuse de la respiration foliaire et nous en avons donné la preuve évidente. Or,

Les Equisetum (plante analogue à nos Prêles actuelles) se placent après les Calamites, ainsi que l'indiquent les plus récentes découvertes. Toutes les plantes de cette famille ressemblaient beaucoup à celles de la famille précédente avec cette différence, toutefois, que les écailles foliaires éparses sur les rameaux des premières étaient disposées en gaine sur ceux de la seconde. Les Equisétacées de l'époque houillère différaient des espèces de l'époque actuelle en ce qu'une enveloppe de tissu cellulaire mou en recouvrait la surface, lui donnant un aspect lisse, tandis que la tige de nos Prêles actuelles, au contraire, est cannelée. Une tige et des rameaux, voilà jusqu'ici la forme extérieure des plantes de l'époque dévonienne.

Quel singulier aspect devaient présenter ces forêts! Bien qu'elles manquassent de feuilles, ces plantes respiraient pourtant, elles fixaient du carbone dans leurs tissus. Dans presque toutes les plantes, les feuilles sont les organes de cette respiration, les stomates en sont les vésicules pulmonaires.

Mais si les plantes qui nous occupent n'avaient

dans les végétaux tels que les Calamites, les Equisetum, etc., la respiration avait lieu par les pores nombreux qui occupaient la surface de la tige; celle-ci communiquait avec des canaux, nommés trachées-aérifères, situés sous l'enveloppe extérieure de la tige et constitués par un tissu cellulaire très lâche analogue au tissu de la feuille.

près de feuilles, elles avaient une autre voie de respiration. Cette fonction s'accomplissait par leur tissu
qui était composé de parties molles et d'un tissu
cellulaire peu résistant contenant des chambres à
air et des vaisseaux aérifères. Ces vaisseaux alter-
naient avec d'autres plus petits. Ils se rétrécis-
saient de bas en haut en formant à une certaine
hauteur une cavité particulière: la chambre à air.
Celle-ci, en s'élargissant, donnait lieu à un renflement extérieur à la base duquel se plaçaient de toutes petites écailles. On conçoit dès lors que ces cloisons qui servaient de centres de respiration, d'autant plus que les écailles foliaires venaient s'y
insérer, devaient développer au dessus d'elles une
suractivité vitale. En effet, et l'observation confirme une fois de plus la théorie, les branches ou
plutôt les rameaux se développaient en verticilles
autour de la tige à l'endroit et au dessus de ces
cloisons.

Ce mode de respiration et de décomposition de
l'acide carbonique est encore bien primitif, mais
l'organisation va se développer de plus en plus et
peu après, les feuilles apparaîtront avec les Fougères; ainsi se trouvera accompli un progrès de
plus dans la constitution anatomique des végétaux.

Nous passerons rapidement sur les formes des
Astérophyllites, petites plantes d'une taille médio-
cre, pour arriver aux *Annularia* et aux *Sphénophyllum*. Leur tronc était lisse, l'intérieur cloisonné;
les feuilles, ou plutôt les rudiments de feuilles,

étaient également disposés en verticilles autour des rameaux. Les Sphénophyllum, ainsi que l'indique leur nom, nous offrent déjà une espèce de pétiole tellement aplati que l'on reconnaît enfin une disposition à la foliaison réelle. Les pétioles, ou si l'on veut, les écailles, sont élargis; de la base partent trois nervures bien distinctes qui se subdivisent en formant une sorte de limbe arrondi. La nervure n'est donc plus unique comme dans les espèces nommées plus haut, elle s'est divisée à la base et, dans les feuilles des rameaux qui portent la fructification, ces divisions donnent naissance à un limbe dichotomé et denticulé. C'est la première fois que l'on rencontre la véritable feuille ; jusqu'ici, nous avions trouvé ces organes pour ainsi dire avortés. Avec les Fougères, comme nous l'avons déjà dit, ils prendront un développement plus grand, constituant ainsi un appareil foliaire bien caractérisé.

Avec les *Calamites*, les *Equisétum*, les *Stigmaria*, etc. un mode de reproduction essentiellement différent de celui des champignons et des algues a paru.

Il n'en a conservé que la première phase et il est curieux d'étudier les moyens et la transition que la Nature a employés pour constituer de nouveaux progrès dans la génération de la flore terrestre.

Nous avons vu que les champignons se reproduisaient à l'aide d'une substance filamenteuse indépendante : le *mycélium* et d'une autre façon par les sporules. Les plantes dont nous allons étudier la reproduction ont confondu les deux moyens en un seul et pour rester clairs, nous prendrons comme exemple les Prêles actuelles sur lesquelles on peut calquer le mode de reproduction des *Calamites*, des *Anularia*, etc.

Les Prêles dont tout le monde connaît les formes et que l'on appelle suivant les localités : *queues de rats* ou *queues de cheval*, offrent une manière surprenante de se reproduire. V. Pl. IV fig. 20. Certains observateurs leur ont accordé, quant à leur génération, un caractère aussi élevé que celui des plantes phanérogames. Il n'en est rien cependant, une observation moins superficielle fait voir que, si leur organisation génératrice est moins élémentaire que celle des plantes inférieures, telles que les algues, les champignons, etc.; que, si cette organisation est un acheminement vers un progrès ultérieur, elle est aussi une modification, une sorte de fusion du mode de reproduction de ces dernières plantes.

Quiconque a observé de près une de ces prêles aura vu qu'il y a au sommet de certains rameaux dépourvus de rayons périphérique, une sorte d'épi presentant un grand nombre d'écailles et rappelant un peu le chapeau de quelques espèces de champignons v. Pl. IV fig. 22 ; les lames seraient remplacées par de petites poches oblongues renfermant les spores. On dirait une tige sur et au sommet de laquelle se seraient développés perpendiculairement un grand nombre de petits champignons pédonculaires. Ces poches contiennent une poussière abondante d'un gris verdâtre qui constitue les sporules. (V. Pl. IV fig. 21.)

Si une de ces sporules tombe sur le sol humide par une douce température, elle se gonfle par l'absorption de l'humidité. La première enveloppe se rompt, la seconde plus élastique s'allonge en tube, s'enfonce dans le sol en faisant office de racine. L'extrémité supérieure de la spore opposée à la racine, s'allonge en une sorte de filament et rappelle la germination d'une *Saprolegna fertile*. Ce filament grossit, se dispose en cellules placées les unes à côté des autres et s'étale sur la surface du sol en formant une plaque mince qui se remplit de matière verdâtre.

C'est la première étape de la germination de la spore devenue ce que l'on appelle : le *prothalle* de la prêle. Mais là, s'arrête le développement : il faut qu'une action spéciale intervienne et cette action s'exerce entre deux prothalles différents et distincts. Le microscope nous montre dans ces prothalles générateurs ou *proembryons* et au milieu de certaines cellules, tantôt des granulations ovoïdes, tantôt des granulations sphériques situées immédiatement au dessus d'un enchevêtrement de filaments très fins qui rappellent le *mycelium* et au milieu duquel elles se montrent en grande abondance.

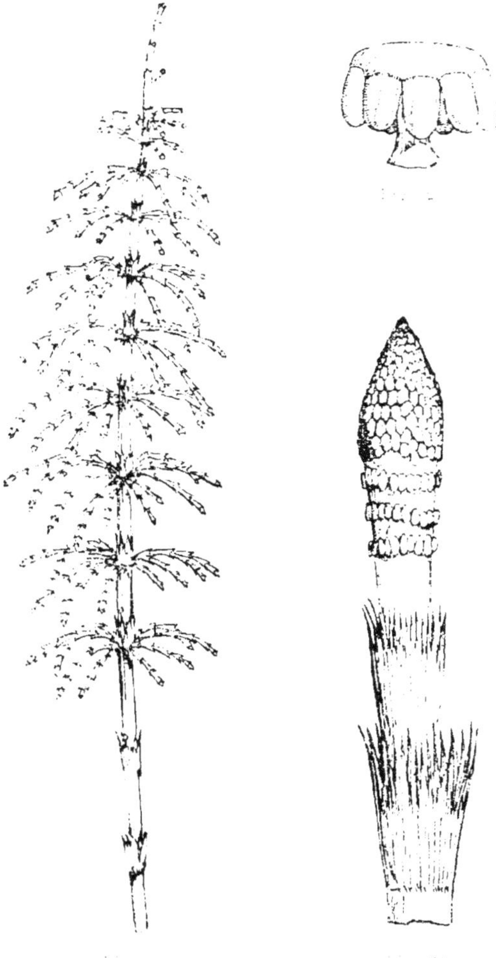

Chaque prothalle ne contient qu'une sorte de ces granules verdâtres, mais les filaments existent dans chacun des proembryons et c'est entre eux que l'action réciproque a lieu.

Quelques botanistes avaient admis que le prothalle à granules ovoïdes représentait l'organe mâle et le prothalle à granules sphériques l'organe femelle; mais, il est prouvé aujourd'hui que l'action réciproque des deux organes peut indifféremment avoir lieu dans l'une comme dans l'autre, mais rarement dans les deux à la fois.

Le prothalle, dans lequel a lieu l'action reproductrice, modifie ses formes premières : une de ses cellules, la plus influencée sans doute, prend plus grande extension, elle se développe avec rapidité; quelques-uns des petits filaments s'allongent en racines, tandis que, de la cellule principale, s'élève la tige qui, plus tard, donnera naissance aux rameaux et aux ramuscules.

Dans quelques espèces, l'on rencontre parfois les deux corps dont l'influence réciproque détermine la formation de la plante. Cette exception prouve une fois de plus que la Nature peut accomplir des progrès très sensibles dans le même type.

Ainsi que nous venons de le voir, le mode de reproduction atteint déjà dans les végétaux que nous venons d'étudier sommairement une supériorité notable. La spore à elle seule ne peut plus, comme par le passé, donner naissance à un individu complet : il faut qu'une ou plusieurs spores dissemblables agissent sur les premières, et ces filaments qui, dans les Champignons, donnaient l'existence a d'autres Champignons complets, sont impuissants a fournir la force vitale nécessaire. Ils attendent qu'un contact particulier se soit opéré pour venir prendre part a la vie commune.

Les premières Fougères ont paru un peu après les plantes dont nous venons de parler et il devait nécessairement en être ainsi. Avec elles, paraissent les véritables feuilles auxquelles on puisse donner ce nom, bien que, dans les *Spheno-phyllum*, elles se soient déjà annoncées très visiblement.

De même que les petites plantes aphylles Champignons, Algues et celles de la classe des Verticillées Asterophyllites, Equisetum) ont précédé les plus grandes, de même les petites Fougères ont devancé les Fougères en arbre. Ce furent d'abord des *Osmunda*, puis des *Scolopendrium*, des *Aspidium*, des *Ptelis*, etc., après lesquelles parurent les *Cyathea arborea*, les *Cyathea glauca* et toutes les Fougères arborescentes. Avec ces nouvelles venues, la génération végétale accomplit un nouveau progrès que certaines prêles semblent avoir essayé et réussi. Les capsules a spores seront placées a la face inférieure des feuilles ou frondes et recouvertes dans leur jeunesse d'un tégument membraneux nommé *in-dusium*.

Ces fructifications agrégées seront tantôt sessiles, tantôt pédicellées ; tantôt situées au sommet des feuilles qu'elles déformeront et qu'elles changeront en grappes (*Aspidium*) ou disposées en lignes éparses presque parallèles situées entre deux nervures secondaires.

Toutes les capsules des espèces du genre *Ptéris*, très abondamment répandu dans la formation carboniférienne, ont une disposition spéciale ; elles sont réunies en lignes non interrompues le long du bord de la feuille et recouvertes par un tégument formé par le bord de la feuille elle-même repliée en dessous.

En étudiant le mode de formation de l'étamine et de l'ovaire, dans les végétaux supérieurs, nous avons vu que ces deux organes ne sont que la transformation d'une feuille simple ou bilobée. N'est-il pas curieux de remarquer dans les Fougères que les sacs contenant la poussière reproductrice, en se plaçant sous les feuilles, en s'attachant sur la nervure principale ou sur les nervures secondaires, semblent s'avancer d'un pas vers la formation des organes distincts. Dans le genre *Ptéris*, le bord de la feuille ne se replie-t-il pas sur lui-même, constituant ainsi une première étape vers la formation carpellaire. Si, comme dans les espèces qui vont suivre, les spores étaient de nature différente et placées séparément sur des feuilles distinctes, ne suffirait-il pas d'une légère modification de celles-ci pour constituer des étamines ou des ovaires, échelonnés comme un chapelet le long d'une nervure qui, dans les unes, en serait le pistil et dans les autres, le filet de l'étamine? Voy. Pl. V.

Quant au mode de génération des Fougères, il ressemble à celui des plantes précédentes, avec cette différence notable toutefois, que chaque prothalle a une existence indépendante, puisqu'il renferme les deux espèces de granulations dont le contact constitue un semblant de fécondation.

Si nous suivons l'ordre d'apparition des plantes, nous verrons que les Foliacées dont les feuilles affectaient une disposition en quinconce vinrent immédiatement après les Fougères. C'étaient des plantes analogues à nos Mousses, à nos Lycopodes et qui formaient plus de cent espèces différentes appartenant aux genres *Lepidodendrons*, *Stigmaria*, *Sagenaria*, *Sigillaria*, etc.

Nous étudierons spécialement un de ces genres : les Lepidodendrons, les autres se rapprochant beaucoup de celui-ci, tant par les caractères extérieurs que par le mode de reproduction.

Les Lepidodendrons, les mieux caractérisés des genres cités plus haut, étaient des arbres d'une grande taille, avec un tronc droit et ramifié à son extrémité. L'écorce était couverte, sur toute sa surface, de cicatrices losangiques marquant l'endroit où les feuilles s'attachaient. Ces feuilles ressemblaient à celles de nos petits roseaux et se groupaient en quinconces. Les fructifications

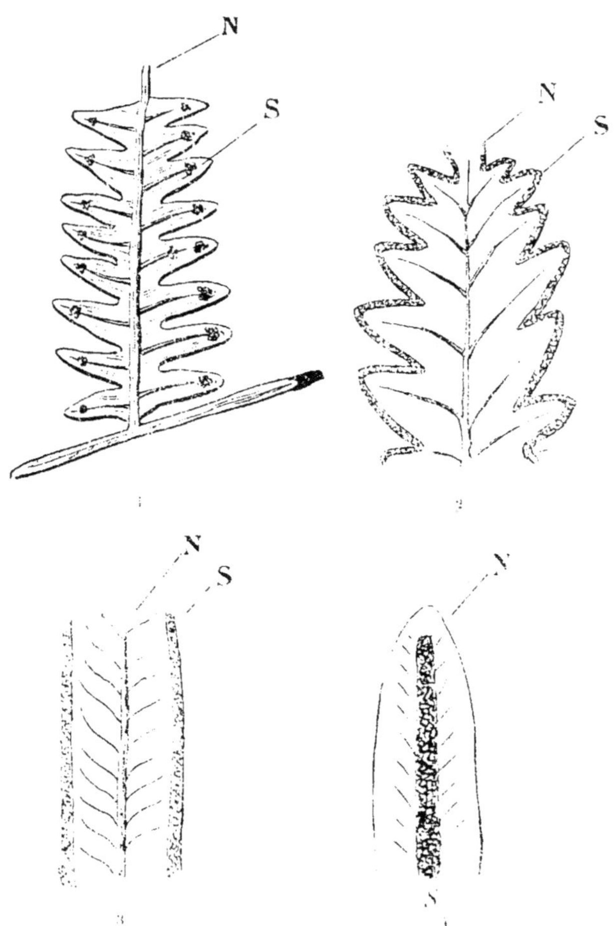

Feuilles de Fougères montrant dans chaque espèce l'insertion des Sores ou organes de reproduction.

1. Aspidium Trifoliatum
2. Asplenium
3. Pteris pennata
4. Blechnum occidentale
N. Nervures — S. Sores.

crustacées et sessiles formaient un épi au sommet de chaque rameau; les capsules étaient
situées à l'aisselle des feuilles ou à la base des
bractées.

Tantôt, elles étaient semblables, tantôt dissemblables : les unes mâles plus nombreuses remplies
de globules pulvérulents, les autres femelles
contenant des grains sphériques. La véritable
fleur, et, partant la graine, n'a pas encore paru :
mais quel n'est pas déjà le progrès réalisé dans
cette voie par les *Lépidodendrons*, les *Stigmaria*,
les *Sigillaria*, etc ! Il n'est plus besoin de proembryon comme dans la Prêle et la Fougère ; la Nature
n'a conservé de celles-ci que les capsules. La fécondation a lieu maintenant de spore à spore, si l'on
peut encore leur donner ce nom. De plus, ces capsules sont placées à l'aisselle des feuilles comme
les bourgeons des végétaux supérieurs, ou à la
base des bractées comme dans certaines graminées et certains palmiers qui, d'ailleurs, vont
suivre immédiatement et réaliser la fécondation
supérieure. Les organes mâles sont maintenant
bien distincts des organes femelles, ils sont placés dans des réceptacles différents.

Le pollen est représenté par la poussière contenue dans les capsules mâles et secrétée à la base
de la feuille ; les ovules, par les granules sphériques contenues dans les autres capsules qui,
pour ainsi dire, sont des ovaires. Ce n'est ni du
pollen, ni des ovules, ni des ovaires ; mais cette

poussière, ces granules, ces capsules sont la transition entre les spores des plantes précédentes et les matières reproductrices de celles qui vont suivre. La fructification femelle, n'a point encore d'appendice pistillaire qui puisse donner passage aux tubes polliniques, la fécondation n'a point lieu dans un réceptacle particulier contenant les ovules : il faut que les capsules s'ouvrent pour leur donner passage, afin qu'elles puissent rencontrer le grain de poussière fécondante. La Nature a paru faire un effort pour accomplir ce progrès de deux organes dissemblables et séparés, car nous voyons encore dans les mêmes végétaux des capsules les contenir tous les deux. Elle nous montre dans un même genre, les attaches avec le passé et les efforts qu'elle tente, toujours avec succès, pour s'élever de quelques degrés au-dessus des progrès acquis. Les Conifères, les Palmiers, les Cycadées, les Graminées vont suivre immédiatement et continuer la progression végétale.

Avec ces nouvelles familles dont tout le monde connaît les formes, la génération végétale est arrivée à un degré très élevé qui ne sera plus guère modifié, si ce n'est dans les apparences extérieures. La Nature a réalisé cette fois la distinction complète des organes, elle a accompli la véritable métamorphose des feuilles en fleurs et défini les formes de la graine et du fruit. Tantôt, les deux organes naîtront sur les mêmes sujets Graminées.

Conifères, auteur, sur des sujets différents: Palmiers; et dans ce dernier cas, le vent ou l'insecte
sera le messager d'amour. La fleur est encore in-
complète, il est vrai; elle n'est point parée de ces
formes élégantes, de ces vives couleurs qui font
l'ornement de nos champs et de nos jardins; la
reproduction s'effectue encore au grand jour,
mais la place est conquise, le végétal sera un embryon renfermé dans une graine avant d'être un
individu complet; la véritable génération de plante
à plante est un fait accompli.

La formation carpellaire n'a pas encore atteint
son complet développement, les ovules sont nus,
la cavité qui doit les recevoir n'est pas encore
entièrement achevée; mais plus tard, les bractées,
sur lesquelles sont placées ces ovules, se soude-
ront et leur extrémité deviendra le pistil ou organe
femelle; ainsi sera accompli un nouveau progrès
ne portant plus que sur les parties secondaires.

Plus tard encore, avec les *Liliacées*, les *Aspara-
ginées* dont on retrouve quelques échantillons
dans la flore houillère, la Nature élèvera des
brillants sanctuaires à l'amour, elle teindra l'al-
côve de vifs coloris, elle parfumera la couche nup-
tiale d'odeurs suaves. N'est-ce pas là que s'accom-
pliront ses phénomènes les plus mystérieux, ceux
pour lesquels elle a déployé toute sa sollicitude,
toute sa magnificence, où elle s'est incarnée toute
entière!

Mais, arrêtons-nous, nous ne pouvons soulever

un coin du rideau, et jeter un regard indiscret sur les actes qu'il dérobe à notre vue, sans anticiper sur l'époque secondaire. Si nous ne pouvons en franchir le seuil, retournons-nous et jetons un coup d'œil rétrospectif sur les formes végétales qui, de transformations en transformations, nous ont amenés à la limite qui sépare l'époque primaire de l'époque secondaire.

Si les Brahmanes enseignent à leurs adeptes que l'Univers est sorti d'un œuf, la Nature nous montre que le monde organisé est sorti d'une cellule qui s'est divisée, dont les divisions se sont groupées selon des lois géométriques déterminées donnant naissance à ces milliers de formes diverses qui peuplent le monde et il est à remarquer que, dans les corps matériels inertes, les propriétés, quelles qu'elles soient, dépendent seulement de l'arrangement des molécules.

Avec les Champignons à pédoncules, nous sommes déjà bien loin de ces Protocoques qui sont tout à la fois racine, tige, feuille, fleurs; nous avons déjà dépassé de beaucoup ces Algues marines flottant au gré des flots et recevant leur nourriture par absorption immédiate, bien que l'observation nous montre que, dans certaines espèces, il existe déjà des courants intérieurs parcourant les cellules allongées placées les unes à la suite des autres. Avec ces Champignons, avec ces grandes agglomérations de cellules, comme dans les grandes agglomérations humaines, des besoins nouveaux et communs ont donné lieu a la création de nouveaux organes; il a fallu des canaux, des voies pour que la nourriture puisée dans le sol arrivât aux limites supérieures de ces cités cellulaires.

Elle était abondante et active cette nourriture, elle a donné à la flore primitive des Champignons d'au moins 40 pieds de diamètre. Ce phénomène qui semble tenir du prodige n'a rien d'étonnant. Aujourd'hui encore, et nous en faisions la remarque au début de ce livre, les mêmes plantes placées dans des conditions spéciales peuvent encore acquérir des proportions inouïes. L'*Illustrated London News*, de juin 1858, publiait une communication de la Société Linnéenne relatant que, dans le tunnel de Lancaster, vivait sur une pièce de bois, un champignon âgé de treize mois, mesurant 15 pieds de diamètre. Il semblait n'avoir pas encore atteint toute sa croissance.

Nous avons, dans le cours des chapitres précédents parlé de la richesse de la végétation primitive. Nous avons dit que les Equisétum, les Calamites, les Fougères, les Lépidodendrons atteignaient de grandes proportions; mais il ne faut pas s'y méprendre, nos forêts tropicales possèdent des espèces dont certaines plantes primitives n'atteignirent jamais la hauteur. Le gigantesque de leur croissance n'est vrai que comparé aux dimensions actuelles de ces mêmes plantes qui nous sont restées. Les Prêles, par exemple, qui n'ont plus aujourd'hui que la grosseur d'un tuyau de plume et une taille restreinte pouvaient mesurer de 10 à 15 mètres de hauteur avec un diamètre correspondant ; les Calamites, plantes en tout semblables aux précédentes, les dépassaient de beaucoup ; nos Mousses étaient des arbres de 15 à 20 mètres. La richesse de cette végétation consistait dans la facilité de croissance des individus ; c'était un jeu pour la Nature que l'allongement des cimes et des rameaux ; elle ajoutait cellule sur cellule avec une rapidité qui étonne.

Si les végétaux d'alors n'avaient point de fleurs, ils n'en avaient pas moins leurs particularités : les Prêles, les Calamites laissaient, pendant la nuit, suinter à leur surface une grande quantité d'eau ; les Sigillaria présentaient sur toute la surface de leur tronc des figures losangiques saillantes, comparables à celles d'un échiquier dérangé, losanges qui marquaient l'endroit où les feuilles s'inséraient.

Toutes les plantes primitives semblent avoir été formées sur un même plan : c'étaient, pour la plupart, des végétaux à tissu cellulaire très lâche formant des cloisons nombreuses dans l'intérieur des tiges et des rameaux et, chose curieuse à noter, c'est que tous sans exception fixaient dans leurs tissus une grande quantité de silice, substance qui, sans nul doute, n'a pas été étrangère à leur bonne conservation [1].

[1] Les cendres de la prêle donnent 95 % de silice et celles du *Calamus Rotang* 97 %.

D'après Brongniart, les caractères de la flore houillère pourraient se résumer ainsi : « 1° absence complète de Dicotylédonées angiospermes; 2° absence complète ou presque complète de Monocotylédonées; 3° prédominance des Cryptogames acrogènes et formes insolites actuellement détruites dans les familles des Fougères, des Lycopodiacées et des Equisétacées; 4° développement considérable des Dicotylédonées gymnospermes résultant de l'existence de familles complètement détruites non seulement actuellement, mais à la fin de la période houillère. »

La Terre dépensait toute sa sève au profit des quelques variétés que nous avons étudiées et dont nous venons de résumer les caractères généraux.

La grande rapidité de croissance, la grande facilité de reproduction qui nous a donné la multitude, ont formé ces immenses bancs de Houille, dont nous allons dire quelques mots.

CHAPITRE VI

FORMATION DE LA HOUILLE

Il a fallu des entassements prodigieux de matières organiques pour produire ces énormes
bancs de charbon que les nations attaquent à
l'envie ; il a fallu que des siècles succédassent à
des siècles pour arriver à empiler ces puissantes
assises du terrain houiller qui, dans certaines localités, dépassent quelques fois 4000 mètres de
hauteur ! Que de générations ne se sont pas enfouies en attendant que d'autres allassent les y
rejoindre ! La surface du sol antique est devenu
maintenant le fond d'un abîme qui donne le vertige ; la sédimentation a marché, elle a recouvert
ces générations de végétaux qui plongeaient leur
tête dans une atmosphère saturée d'électricité, as-
pirant à pleins poumons l'air, le soleil, la lumière.
Mais c'est à des degrés divers et selon les localités, qu'elle a enseveli ces étonnantes forêts, et
parfois même, le voyageur rencontre leurs dé-

pouilles a la surface du sol, comme a Treuil, près Saint-Etienne, par exemple.

Quiconque a visité une mine de Houille aura vu que les assises de charbon alternent avec des grès parfois bitumeux formés de grains de quartz et de feldspath en décomposition, arrachés aux terrains antérieurs et mélangés de matières végétales décomposées et avec des schistes qui sont des argiles endurcies contenant une notable proportion de matières charbonneuses. Tantôt, il aura vu des bancs puissants de Houille, tantôt des strates mesurant a peine quelques pouces d'épaisseur. Dans les Houillères où l'ensemble des assises s'élève a 2000 mètres, la hauteur des couches de combustible prises ensemble ne dépasse pas généralement 30 mètres.

Nous serait-il possible de fixer approximativement le temps nécessaire à la formation de ces 30 mètres de charbon ? Une telle évaluation ne peut être précise, il est vrai, mais elle aura toutefois pour avantage de fixer l'esprit et c'est ce que nous allons essayer de faire.

La flore de la période houillère était, ainsi que nous l'avons vu, composée de végétaux a tige creuse ou cloisonnée ayant par conséquent une très faible densité, environ 0,250, et contenant approximativement 15 a 16 °/₀ de carbone pur. Si nous comptons un arbre par mètre carré, y compris les petits arbrisseaux, cet arbre ayant une hauteur de 12 mètres et un diamètre de 0^m.30, nous arrivons a un total de 3 mètres cubes 770 décimètres cubes qui, avec une densité de 0.250, nous donnent un poids de 942 $\frac{1}{2}$ kilos contenant 15 °/₀ de carbone pur ou 141 kilos 375 de cette substance, représentant environ 166 kilos de Houille, en supposant que 100 kilos contiennent 85 % de carbone.

Donc, pour former un hectare de terrain houiller dont les couches de combustibles prises ensemble mesureraient une épaisseur de 30 mètres, il aurait fallu la matière de 239 forêts superposées d'un hectare de superficie. Mais, comme les végétaux, en se décomposant, perdaient une partie de leur carbone sous forme d'acide carbonique ou d'hydrogène carboné, le chiffre que nous venons de citer doit être augmenté d'une proportion notable et se traduire par au moins 260 générations d'arbres les unes au-dessus des autres !

L'imagination la plus hardie s'arrête effrayée et prend le vertige devant cette vérité brutale des chiffres ! Ils nous donnent la mesure exacte de la richesse de la végétation et surtout de la rapidité de croissance des végétaux qui couvraient la Terre. Ce calcul ne doit pas être pris au pied de la lettre, les plantes ne s'enfouissant pas toujours sur place ; il n'a d'autre but que de nous montrer la quantité de matériaux que les forces naturelles ont été obligées d'entasser pour arriver à la constitution de ces puissantes assises de charbons, véritable richesse des peuples qui les exploitent.

Quelle durée accorder à la formation houillère ? Si à cette époque les végétaux croissaient vite, ils arrivaient vite au terme de leur existence. En leur accordant une vie moyenne de trente années, il nous faudra déjà plus de 8000 ans d'une végétation sans trève ni repos. Mais cette végétation a été interrompue par le travail de la sédimendation, ainsi que nous allons le voir et pour apprécier ce travail, revoyons ensemble la force mécanique développée à la surface du sol dans ces temps reculés.

Le soleil est le grand ressort des forces qui s'agitent à la surface de la Terre, lui seul y détermine les grandes comme les petites actions. La puissance calorifique s'y transforme en force mécanique, soulevant les mers, détruisant les montagnes. Sans lui, pas d'évaporation, et partant, pas de pluies, pas de rivières, pas de fleuves, pas de lacs ni de mers, sans lui la Vie ne serait pas.

« La grande quantité de mouvement ainsi en« gendré d'une manière continue par la chaleur
« solaire à la surface du globe terrestre est im« mense. Elle ne se borne point à la circulation
« aérienne, fluviale et océanique, ou du moins
« cette circulation même donne lieu à des modifi« cations incessantes dans la croûte solide du
« globe. Une dégradation lente et continue des

« roches, des transports de matières, sables, gra-
« viers, terres, change d'année en année, de siè-
« cle en siècle la forme des rivages, le relief des
« collines et des montagnes[1]. »

Et c'est encore la puissance mécanique de la
chaleur solaire qui est la cause première de ces
transformations. Cinq cent quarante-trois milliards
de machines, chacune d'une force effective de 400
chevaux, travaillant sans relâche le jour et la nuit,
voilà donc ce que peut pour notre planète seule
la radiation solaire. Donc, plus cette chaleur sera
grande, plus l'évaporation sera considérable, plus
les pluies seront fréquentes, plus elles seront ac-
tives dans leur travail de désagrégation des roches, plus les torrents, les rivières et les fleuves
seront étendus et plus actif aussi sera le trans-
port qu'ils effectueront.

A l'époque houillère, la chaleur du soleil à la
surface de la Terre était très élevée, aussi, qu'elle
n'était pas la puissance mécanique exercée à la surface du sol ! Le travail de sédimentation marchait
avec une rapidité exceptionnelle et voyons quel
temps la Nature a pu mettre pour déposer les grès
et les schistes argileux alternant avec les assises
de houille qui, où la puissance de la formation
atteint 2000 mètres, mesurent une épaisseur totale de 1970 mètres environ ?

Comme exemple et base de nos calculs, pre-

---

[1] A. Guillemin — *Le Soleil*

nons les dépots du Nil, avec un travail de sédimentation trois fois plus considérable. Ce fleuve exhausse son sol de 9 centimètres par siècle, il aurait donc fallu 729.200 années environ pour déposer une épaisseur de matériaux égale à 1970 mètres. Mais, par suite de l'énorme pression supportée par ces matériaux ils se tassèrent et perdirent au fur et à mesure au moins $^1/_3$ de leur première épaisseur, ce qui, pour la durée d'une formation de terrain houiller d'une puissance de 2000 mètres seulement, nous donne 980.000 années, y compris les 8000 années de végétation dont nous avons parlé ci-dessus.

Tous ces calculs, nous le répétons, sont loin d'être rigoureusement exacts, mais ils peuvent servir de point de repère et nous montrer que l'âge de la Terre ne peut être mesuré que par des millions de siècles qui ne sont eux-mêmes qu'une pulsation dans l'éternité comme le Soleil n'est qu'une étincelle rapide dans l'espace et dans le temps.

Les forêts houillères s'élevaient aux bords des fleuves, ou dans de vastes estuaires ; au bords des lacs ou dans d'immenses marécages et tous les gisements contiennent à peu près les mêmes végétaux. Il en est cependant, et le nombre en est assez étendu, dans lesquels il y a prédominance d'une famille particulière. Tantôt, ce sont des Sigillaria, tantôt des Stigmaria ou des Calamites qui prédominent formant à eux seuls la masse du combustible. Cela tient, sans nul doute, aux influences locales.

« La vie organique, dit Burmeister en parlant « de la formation houillère, du moins dans le « règne végétal s'épanouit avec une richesse « qu'elle n'avait pas encore eue jusque là, pendant « la période qui succéda à la formation des grau- « wackes et pendant laquelle les étages les plus « anciens des terrains horizontaux de Werner se « déposèrent. »

« Les nombreux gisements de substance végé- « tale carbonisée qu'on y rencontre, souvent avec « une épaisseur de plusieurs pieds, on fait donner « à l'ensemble des couches le nom employé dans « l'usage vulgaire et le charbon a été appelé char- « bon de pierre à cause de sa dureté. Cette for- « mation, dans sa totalité, est composée comme « les précédentes de calcaires, d'argiles et de grés « entre lesquels s'enclavent les dépôts de charbon « alternant de mille façons avec eux et enfermés « en haut ou en bas par l'un ou l'autre des sédi- « ments. Mais il n'existe là aucune règle générale. « Tantôt, ce sont de puissants calcaires blanchâtres « qui forment la base, tandis que des grés à colo- « ration claire et des schistes foncés alternent avec « les couches de Houille ainsi que cela a toujours « lieu dans le Sud de l'Angleterre. Tantôt, ces « calcaires eux-mêmes sont déjà en alternance « directe avec les dépôts houillers comme dans « le Nord de l'Angleterre, au Spitzberg, à l'île

« des Ours et à la nouvelle Zélande. Les travaux
« les plus récents ont prouvé que tous ces lieux
« faisaient simultanément partie d'un vaste bassin
« houiller d'un âge plus ancien que la région car-
« bonifère du Sud. »

D'un autre côté, il est un fait digne de remarque,
c'est que toutes les contrées du globe ne sont pas
également riches en houille ; il semble que la
concentration des plus puissants amas se trouve
dans les zones tempérées ou même glaciales des
deux hémisphères. Les contrées tropicales offrent
aux sondages de rares gisements que l'on puisse
comparer à ceux des contrées tempérées. Ce fait
capital que l'on ne peut passer sous silence
semble indiquer que les végétaux de la période
houillère n'ont pu s'établir que fort tard dans ces
régions et n'ont pu constituer des forêts assez
puissantes pour former de grands amas de combustible, d'autant plus que les conditions essen-
tielles de la période houillère avaient à peu près
disparu après avoir profité à la végétation des contrées beaucoup plus au Nord.

La Houille est-elle le résultat du charriage et de
l'entassement des végétaux par les fleuves ou bien
a-t-elle été formée par leur enfouissement sur
place ? Cette question a donné lieu à de longues
discussions. Pour nous, les deux opinions sont
également vraies. Tantôt les arbres ont été déra-
cinés violemment par les ouragans électriques
nombreux alors, vu la haute température du globe ;

ils ont été entraînés lors des grandes crues qui ont accompagné ou suivi ces terribles phénomènes. Tantôt, ils se sont enfoncés sur place, ils y ont accumulé leurs débris jusqu'à ce que de lentes oscillations du sol soient venues les engloutir.

De nos jours, nous voyons encore les grands fleuves de l'Amérique charrier des quantités innombrables de végétaux arrachés aux forêts qui en bordent les rives ; parfois même, cette quantité est tellement grande aux abords de l'embouchure, que la navigation s'y trouve interrompue. Pendant les périodes de calme, ces végétaux augmentent de poids à la suite de l'introduction de l'eau dans leurs tissus, s'enfoncent graduellement, constituant ainsi des dépôts de matière végétale. Mais cette formation n'a plus rien de comparable à celle dont nous avons étudié les phases, les forces naturelles étant notablement diminuées.

Aujourd'hui, on peut encore assister à l'affaissement lent de forêts entières situées sur le bord des fleuves ou dans des marécages. Les oscillations du sol expliquent parfaitement les phénomènes qui ont eu pour effet de conserver les forêts à peu près intactes et dans la position verticale, nous pouvons en citer un exemple pris au hasard.

En Angleterre, à Plumstead, à Dagenham et dans d'autres parties de la Tamise, entre Woolwich et Erith, on peut voir, à la marée basse, les restes d'une forêt submergée sur laquelle le fleuve coule aujourd'hui. Ce fait a été décrit il y a environ 150 ans par le capitaine Perry. En 1817, le doyen Buckland en a fait l'objet d'un mémoire qu'il a présenté à la Société géologique de Londres. Plus récemment encore, l'existence de cette forêt dans toute la vallée de la Tamise a été constatée et a conduit un géologue, M. Wood, à retracer les anciennes conditions géologiques de ce district.

Par la corrélation d'autres phénomènes locaux, il a été amené à conclure que l'écoulement de la Tamise dans la Mer du Nord est d'origine récente, géologiquement parlant; les eaux se dirigeaient primitivement vers le sud par des canaux que l'on voit encore. D'autres géologues ont étudié de près ce phénomène remarquable, nous donnant une idée assez nette de ce qui a pu se passer pendant la période houillère. Au-dessous de six à huit pieds de terre d'alluvion, on a trouvé un sol formé de branches, de feuilles, de semences, de troncs d'arbres appartenant surtout à l'if, à l'aulne et au chêne. Une grande collection de restes d'animaux consistant en cornes de cerfs, en ossements de bœuf brachycéphale et d'autres espèces ont été retrouvés mêlés au limon et aux détritus de végétaux.

Les forêts s'élevant dans les marécages pouvaient aussi, comme nous l'avons déjà dit, s'en-

foncer par leur propre poids ou être détruite par
les grandes inondations, fréquentes à l'époque
houillère. Mais on conçoit que dans ces phénomènes brusques et violents, des arbres devaient
être entraînés loin des forêts qu'ils habitaient et
ce sont particulièrement ceux que l'on trouve,
dit le Dr Buckland, dispersés en travers les schistes,
les grès et mêlés avec les poissons.

Très souvent on trouve des troncs d'arbres
encore debout avec leurs racines et la plupart
des bassins houillers d'Angleterre, de France, de
Belgique, des Etats-Unis, etc. offrent beaucoup
de ces exemples. « Dans la houillère de Parkfield-
« Calliery dans le Straffordshire méridional, on a
« mis à découvert en 1884, dit M. Lyell, sur une
« surface de quelques centaines de mètres, une
« couche de houille qui a fourni plus de 73 troncs
« d'arbres garnis encore de leurs racines ; quel-
« ques-uns de ces troncs mesuraient près de
« 3 mètres de circonférence ; leurs racines for-
« maient en partie une couche de houille épaisse
« de 25 centimètres reposant sur un lit d'argile
« de 50 millimètres au-dessous duquel était une
« seconde forêt superposée a une bande de
« houille de 60 centimètres à 1 mètre 50 ; au-
« dessous existait une troisième forêt avec de
« gros troncs de Lépidodendrons, de Calamites
« et autres arbres. »

On peut voir, à la mine de Treuil, a St-Etienne,
une quantité de ces troncs d'arbres encore debout

traversant a plusieurs niveaux les couches hori-
zontales qui s'étendent a leurs pieds.

« En effet, dit encore M. Lyell, les plantes, dans
« le cas particulier dont il s'agit, auraient végété
« sur un sol sableux, exposé aux inondations, sol
« qui se serait ultérieurement élevé par de nou-
« veaux apports de sédiments comme cela arrive
« dans les bas fonds, près des bords d'une grande
« rivière, au point où celle-ci forme son delta. Les
« arbres qui se plaisent sur un sol marécageux
« ne continuent pas moins de vivre parce qu'un
« sol nouveau s'accumule à leur base. D'autres
« arbres naissent et croissent sur ce sol nou-
« veau, a plusieurs décimètres au dessus du ni-
« veau primitif du marécage ; c'est ainsi que sur
« les rives du Mississipi, j'ai vu, aux eaux basses,
« des couches de dépôt semblables dans les-
« quelles des troncs d'arbres, pourvus de leurs
« racines en place se montraient à différents
« niveaux.

« En 1852, nous avons examiné en détail, M.
« Dawson et moi, une portion de la formation car-
« boniférienne près de Toggins, Nouvelle Ecosse,
« sur une épaisseur de 426 mètres et spécialement
« sur les points où les lits de houille étaient les
« plus fréquents, nous y avons rencontré à
« soixante-huit niveaux différents des traces évi-
« dentes de plusieurs sols distincts qui auraient
« contenu des racines. » Quelques fois même, les
assises de houille reparaissent jusqu'à 120 fois

(comme dans le district de Saarbrück) les unes au-dessus des autres, avec des épaisseurs variables et séparées par des couches d'argile et plus rarement de grès.

Donc les assises de charbon se sont déposées de diverses façons : tantôt, lors des grandes crues, par le charriage des végétaux s'élevant dans les atterrissements séculaires des fleuves comme cela se voit aux bouches du Gange et du Mississipi ; tantôt par l'enfouissement sur place des forêts que les oscillations de niveau amenaient sous les eaux marines où elles se trouvaient ensevelies peu à peu sous une couche plus ou moins épaisse de sédiments auxquels se sont mêlés des animaux marins parfois en assez grande quantité.

De quelque façon que se soit formée la Houille, il n'en a pas moins fallu des quantités innombrables de matériaux et un temps excessivement long pour accumuler tous ces débris sous la forme où nous les retrouvons.

Aussi, ces forêts étaient immenses et s'étendaient sur de vastes superficies de terrains. Les bassins houillers des Etats-Unis occupent au moins le quart de leur surface. L'Angleterre nous offre d'immenses dépôts de houille dont la superficie n'égale pas moins de 1.570.000 hectares ; celle du terrain houiller de la France n'est que de 350.000 hectares et celle de la Belgique 150.000 hectares.

Mais, ce n'est pas seulement sous forme de

houille que nous apparaissent les végétaux de
l'époque primitive ; il semble que la Nature soit
insatiable de métamorphoses.

Par l'enfouissement et la perte d'une notable
partie de leur oxygène, ces végétaux sont devenus
un charbon dur, sec et luisant ; à la suite de circonstances particulières, la métamorphose ne s'est
pas arrêtée là. Ce charbon est devenu liquide sous
forme de bitume, d'huile minérale ou de pétrole.
Il y a longtemps, et c'est depuis des siècles, que
l'homme connaît l'huile minérale et qu'il l'utilise,
surtout en Perse, en Chine, dans le Caucase où
les traditions en font remonter l'usage à des milliers d'années.

Quel est le mystère de cette réaction chimique
développée au sein de la Terre ? Les géologues,
frappés de l'analogie existant entre ces produits
naturels et ceux qui résultent de la distillation
artificielle de la houille, ne balancèrent pas pour
admettre l'identité de cause : ils déclarèrent que
le bitume et l'huile minérale étaient la conséquence d'une gigantesque distillation de la houille,
avec le foyer central comme facteur. Cette opinion
est la plus généralement répandue.

Sans vouloir faire ici le procès du foyer central,
nous pouvons affirmer que la chaleur n'est aucu-
nement intervenue dans ce phénomène. Il serait
difficile d'expliquer pourquoi, il y aurait eu sur
certains points une recrudescence de chaleur.
Cette opinion serait au moins soutenable si les

gisements d'huile minérale étaient situés à proximité d'un foyer volcanique.

D'ailleurs, les bitumes existent dans presque tous les terrains et les dépôts de lignite de l'époque tertiaire qu'on ne soupçonnera certainement pas d'être situés immédiatement au-dessus du foyer central, nous en offrent des gisements parfois considérables.

Il est indéniable que les bitumes sont dûs à la distillation lente de la houille, mais ce phénomène s'est accompli d'une toute autre manière que celle enseignée par les géologues plutoniens. Il en est de cette distillation, comme de la carbonisation qui s'est opérée à l'abri de l'air dans les couches terrestres : c'est un phénomène purement chimique, s'accomplissant selon des circonstances locales qui a donné lieu à cette transformation particulière.

Les matières végétales exposées à l'humidité et à l'abri du contact de l'air se décomposent lentement, il se dégage de l'acide carbonique dont l'oxygène est emprunté à la quantité qui entre dans leur constitution. Plus la perte de l'oxygène est grande, plus les substances végétales décomposées acquièrent de compacité. La déperdition d'oxygène ayant existé pendant un temps très long a donné lieu à la formation de l'anthracite, résultat de l'enfouissement des premiers végétaux de la flore primitive.

En s'exerçant moins longtemps, elle a donné

lieu à la formation des différentes houilles, et à celle des lignites [1].

Si, pendant cette décomposition végétale, il se produit une action chimique étrangère, le travail de carbonisation se trouve modifié plus ou moins selon l'intensité de la cause et selon le temps pendant lequel elle s'exerce, et, d'après les découvertes les plus modernes de la chimie végétale, on peut poser en principe que :

1° Si une masse végétale en décomposition est traversée par un courant de gaz acide chlorhydrique, il y aura dans toute la masse formation d'hydrogène carboné.

2° Si une masse végétale en décomposition est

[1] Les chiffres suivants donneront une idée suffisante des différents degrés de carbonisation :

COMBUSTIBLES	COMPOSITION			
	Carbone	Hydrog.	Oxygène	Cendres
Anthracite	92.56	3.33	2.53	1.58
Houilles grasses dures	89.77	4.67	3.99	1.57
Houilles grasses	83.75	5.66	8.04	2.55
Houilles sèches	76.48	5.23	16.01	2.28
Lignite parfait	70.49	5.59	18.93	4.99
Lignite imparfait	61.20	5.—	24.78	9.02
Lignite passant au bitume	73.79	7.15	13.79	4.96
Asphalte	79.18	9.30	8.72	2.80

Nota. — On voit par ce tableau que c'est l'anthracite qui contient le plus de carbone et le moins d'oxygène, et que c'est le lignite imparfait qui contient le moins de carbone et le plus d'oxygène. L'asphalte qui, par la quantité de carbone et d'oxygène se rapproche le plus des houilles sèches, en diffère essentiellement par la grande proportion d'hydrogène qu'il renferme soumise à l'influence d'émanations gazeuses d'hydrogène carboné, il y aura formation bitumeuse.

3° Si le courant est intense, il y aura formation de bitume et, selon que ces différentes actions locales agiront pendant un temps plus ou moins prolongé, ce bitume passera par des degrés divers de fluidité constituant ainsi ou de l'asphalte (bitume solide), premier degré de cette transformation, ou du malthe (bitume gélatineux), qui en est la seconde, ou enfin du bitume liquide, aussi fluide que l'alcool et que l'on désigne sous le nom de naphte, d'huile minérale ou de pétrole.

Non seulement, les divers bitumes ont été formés par une réaction spéciale s'exerçant sur des substances végétales en décomposition, mais de vastes dépôts d'animaux et de poissons ont contribué pour une puissante part, à cette formation d'hydrocarbures liquides qui, depuis déjà un certain temps, sont devenus l'objet d'une vaste exploitation dans les contrées que la Nature a dotées de ces richesses.

Il y aurait tout un volume à écrire sur l'huile minérale, sur ses gisements et sur les particularités qui en accompagnent la formation, mais nous sommes obligés de nous arrêter ici, le cadre que nous nous sommes imposé ne nous permettant pas d'aller plus loin. Notre tâche est à peu près terminée, nous nous sommes efforcés de montrer en quelques lignes qu'elle avait été le mode de formation de la Houille et de ses dérivés.

Nos lecteurs ont pu se rendre compte du nombre de siècles qu'il a fallu et des lents efforts accomplis par la Nature, pour arriver à constituer ce précieux combustible qui aide si puissamment aux besoins de l'homme. Les dépôts en sont vastes et longtemps encore, l'on y pourra puiser sans s'inquiéter de l'avenir : la Nature n'a pas dépensé des millions d'années en pure perte et, jusqu'à ce que le dernier morceau ait été extrait, les révolutions géologiques auront mis à découvert des terres actuellement immergées, qui, à leur tour fourniront de nouveaux chantiers, en attendant que d'autres découvertes aient modifié nos procédés mécaniques, en attendant que l'Homme, par ses incessantes découvertes, ait trouvé d'autres agents moteurs que la vapeur.

CONCLUSION

Les Fougères arborescentes, les Palmiers élé-
gants des Tropiques, les Conifères des contrées
chaudes et froides sont à peu près les seuls végétaux de la période houillère qui, de nos jours
aient conservé de respectables proportions. Nulle
part, on ne pourrait trouver aucune terre qui
rassemblât les espèces singulières dont se peuplaient ces antiques forêts qui naissaient, qui
vivaient, qui mouraient sans qu'aucune main sa-
crilège soit venue les violenter dans leur superbe
aspect.

Elles ont été, comme tout ce qui est matière
agrégée ou organisée, victime du temps et des forces que la Nature met en mouvement.

Le géologue sait les faire renaître. À sa voix,
elles se lèvent toutes entières ; les arbres dé-
ploient leurs rameaux ; les bourgeons s'ouvrent,
les feuilles s'étalent ; les animaux qui peuplaient
ces vastes cités végétales, viennent les habiter à
nouveau. Il fait plus encore, il fait raconter à ces

bois, et à ces animaux, les phénomènes dont ils ont été les témoins et plus tard les victimes.

Puis, délivrant de leurs chaînes les forces physiques qui les animaient jadis, ouvrant les noires cellules où les matières chimiques étaient emprisonnées, il les ranime par la chaleur, les rend les unes et les autres à leur forme première, les laissant libres de s'engager à nouveau.

Peut-être iront-elles, comme par le passé, s'associer à l'existence d'un animal ou d'un végétal qui, plus tard, sera charrié par les eaux ou enfoui sur place, aidant à la formation de nouvelles couches de combustible ?

Il semble que la Matière tourne dans un cercle éternel, affectant mille formes diverses et revenant toujours à son point de départ. Le carbone, l'hydrogène, l'oxygène, l'azote que la chaleur a vaporisés primitivement, que l'électricité a combinés ensuite en diverses associations ; la potasse, la soude, la chaux, la silice que les agents chimiques ont dissous plus tard encore, ont formé, sous l'influence de cette même chaleur, de cette même électricité et sous l'influence de plusieurs autres factrices que l'on appelle : lumière, cohésion, affinité, etc. et qui ne sont qu'une seule et même chose sous des apparences diverses, ils ont formé, disons-nous, un individu d'une forme particulière et concrète : la Plante. Celle-ci, selon son aspect s'est appelée : Champignon, Algue, Fougère, Sigillaria, Palmier, etc.; elle s'est enfouie de plus en plus profondément, obéissant encore à la chaleur solaire qui met tout en mouvement ici-bas. Longtemps après, l'Homme est venu, vivant lui aussi de chaleur, de lumière et d'électricité, il est allé chercher dans les entrailles du sol le noir combustible qui l'y attendait depuis des milliers de siècles ; il s'en est servi, ici, pour cuire ses aliments, se chauffer ou s'éclairer ; là-bas, pour animer les machines qui travaillent à son bien-être ou la locomotive qui le transporte au bout du monde. Les forces physiques s'exerçant par cet autre facteur ont détruit ce qu'elles avaient édifié depuis des temps que l'on ne saurait supputer.

C'est ainsi que tout s'enchaîne dans l'Univers. les atomes se groupent peu à peu, deviennent des montagnes ou des mers, des forêts ou des sociétés d'animaux. Puis, lorsque le temps marqué par la Nature est accompli, la montagne s'abaisse, la mer se comble ou se dessèche, les forêts s'abi-ment, les animaux meurent, tout disparaît ! Les atomes disassociés prennent de nouvelles formes. Le grain de silice qui, de sa petitesse, a grossi la masse de la montagne, devient partie intégrante d'un champignon ou d'un roseau ; la molécule de vapeur qui, unie à d'autres molécules, a formé des mers, s'égare dans les profondeurs de la Terre et, venant à oxyder quelque métal, en soulève la croûte si d'autres molécules la suivent dans sa migration ; l'atome de carbone, jadis

associé a la vie d'une plante bienfaisante ou au
cerveau d'un être pensant, s'en va a travers
l'espace et le monde jusque dans les contrées
les plus lointaines et, retournant a la vie, devient
venin dans le serpent ou poison dans le mancenil-
lier! Les lois de la Nature sont simples mais
grandes, une seule les résume toutes : Le Mouvement!

NOTES

SUR LA

CHUTE HYPOTHÉTIQUE DE L'AUSTRALIE

COMME MASSE MÉTÉORIQUE

SES CONSÉQUENCES

NOTES

sur la

CHUTE HYPOTHÉTIQUE DE L'AUSTRALIE

COMME MASSE MÉTÉORIQUE

SES CONSÉQUENCES

I

Dans une communication faite à la Société de Géographie (séance du 15 février 1872), M. Dufresne a émis l'idée que l'Australie pourrait bien être une masse météorique tombée à une époque quelconque de nos périodes géologiques. Il n'y a pas lieu de s'étonner qu'une terre aussi vaste, aussi volumineuse que l'Australie soit un don de l'espace. Nous avons, toutes proportions gardées, des exemples de masses énormes tombées à la surface du sol à des époques diverses.

Dans les *Transactions philosophiques*, on cite une météorite qui n'avait pas moins de 1200 millions de mètres cubes, d'une densité faible, il est vrai, sa vitesse de translation étant très lente.

Deux autres observées en France en 1837 et en 1841 avaient au moins 2200 a 2800 mètres de diamètre. Enfin, celle tombée à Orgueil, près de Montauban, avait, avant son entrée dans l'atmosphère, 500 mètres de diamètre. Cet aréolithe fut examiné par M. Daubrée et entr'autres particularités, il renfermait, disséminé dans sa masse, une espèce de lignite terreux analogue à de la tourbe comprimée.

Un autre trouvé au Brésil pèse 6000 kilos.

D'après M. Beudant, une masse semblable de 14.000 kilos existe a Olimpa dans le Tucuman et une de 19.000 kilos aux environs de Duranzo dans le Mexique.

Tout confirme l'idée de M. Dufresne. L'étude du sol surtout qui se rapproche de la constitution des météorites fait incliner pour cette opinion. Toutes les météorites ne sont pas exclusivement formées de fer, de nickel, de soufre, etc. ; on en connaît qui sont même formées de silicates cristallins sans fer : l'augite, le labrador, l'albite et le hornblende en forment la masse principale et c'est généralement de ces sortes de silicates dont est composé le sous-sol de l'Australie.

N'est-il pas singulier que cette grande île dont la superficie égale les ¾ de celle de l'Europe soit entourée d'un demi-cercle de terres volcaniques, sans avoir elle même un seul volcan, alors que son sol est presqu'exclusivement formé de roches rappelant la nature des terrains primitifs

dont sont formées la presque totalité des îles volcaniques qui l'entourent. On ne peut supposer, et
nous n'en avons nulle part d'exemple, qu'une si
grande superficie de terrains primitifs puisse
exister sans qu'aucun volcan n'en vienne hérisser
la surface.

D'ailleurs, nous savons que les volcans se groupent toujours en série linéaire ou en série courbe;
dans ce dernier cas, un volcan ou un système de
volcans plus actifs en occupe toujours à peu près
le centre, ce qui n'existe pas dans la série courbe
qui commence à Sumatra pour finir dans la Nou-
velle-Zélande.

Physiquement, il a fallu que ce centre existât
et il a existé; mais la chute de l'énorme aréolithe
a dû le détruire.

Les monts isolés que l'on trouve épars sur la
surface de l'île ne formant aucune suite, aucune
chaîne, indiquent suffisamment une origine anormale.

« Maintenant, dit M. Dufresne, examinons rapi-
« dement la physiologie de ce continent de ren-
« contre. Y voyons-nous cette succession variée
« d'eaux et de terres, de bassins fluviaux et de li-
« gnes de faîtes disposés presque méthodique-
« ment dans les autres zones terrestres? Non :
« l'Australie a eu des mers, des océans à elle,
« même dans la partie émergée.

« Mais, la secousse et la perte du centre de
« gravité les ont fait sortir de leur lit. A leur place,

« des lacs sans eau, des croûtes salines recou-
« vrant un limon mou, des dunes semblables à
« celles de nos côtes. Excepté sur une partie de la
« bordure actuelle, où le voisinage de la mer, en-
« tretenant une humidité plus grande, plus prolon-
« gée, a permis aux éléments de cette masse dis-
« loquée dans son échouage de se rejoindre, de
« s'anastamoser de nouveau, le reste de la surface
« ne présente que crevasses, fendilles et craque-
« lures. » « L'Australie, dit plus loin le même au-
« teur, n'a pas de vallées intérieures, mais des
« ravins ; pas de rivières, mais des *creeks*. Les
« réservoirs des sources se sont trouvés boule-
« versés. Aujourd'hui, l'eau du ciel vient seule,
« à certaines époques, noyer plutôt qu'arroser
« cette terre tombée du ciel et y improviser une
« végétation rapide mais éphémère. Dans les en-
« droits où Burke a trouvé des riches pâturages,
« avec des eaux abondantes, un sol favorable à
« diverses cultures et à l'élevage des moutons,
« Sturt n'avait vu qu'un désert pierreux, des cail-
« loux roulés, de maigres plantes épineuses qui
« sont les obstacles les plus difficiles pour les
« explorateurs. »

Il n'y a pas lieu de s'étonner que cette immense
météorite ait eu des rivières, des lacs, des mers,
et, par conséquent, tout un agencement organique
disposé d'après les mêmes lois que le nôtre, mais
avec des différences notables dans les formes.
N'avons-nous point vu que l'aréolithe terreux

tombé à Orgueil contenait jusqu'à de la tourbe analogue à celle que l'on rencontre dans la vallée de la Somme. De plus, les recherches des géologues ont prouvé que l'Australie a eu ses fossiles particuliers retrouvés dans ses débris. La Terre ne serait donc pas seule à être habitée et chaque planète, si l'on en juge par cet exemple, aurait ses habitants spéciaux.

Etudions ensemble les phénomènes qui ont dû accompagner la chute de cette immense épave. Le choc a dû être formidable et nous pourrions mieux l'apprécier si nous connaissions la masse de cette météorite dévoyée et la hauteur d'où elle est tombée. Cela est difficile, sinon impossible; comment démêler et calculer dans les profondeurs du sous-sol ce qui appartient à la masse météorique? Il faut nous en tenir à ce que nous savons sur le sol et les parties immédiatement sous-jacentes et en calculer le volume avec les plus grandes réserves.

De quelle hauteur et avec quelle vitesse avons-nous reçu cette étrangère se promenant, elle aussi, dans l'espace? Dans quelles limites la Terre a-t-elle pu l'attirer et vaincre sa vitesse de translation et la force attractive du Soleil. Problème difficile certainement, mais non résoluble peut-être.

Ce que nous devons rechercher, c'est plutôt le mode d'arrivée de notre nouvelle venue et les phénomènes auxquels elle a donné lieu.

Lorsque l'attraction terrestre l'eut emporté sur l'attraction du Soleil, l'immense météorite commença à rouler vers notre globe avec sa vitesse primordiale de translation augmentant progressivement, selon la loi de la chute des corps, à mesure que les deux centres se rapprochaient. Arrivée aux limites supérieures de notre atmosphère, avec une vitesse déjà considérable, elle commença à éprouver les effets de la résistance de l'air.

À une hauteur de 18 kilomètres au dessus du sol, ou l'air a une densité 10 fois moindre qu'à la la surface, la pression supportée par un corps animé d'une vitesse de 40 kilomètres à la seconde, et cette vitesse n'a rien d'extraordinaire, est déjà de 675 atmosphères !

Cette énorme pression s'exerçant de bas en haut retarde de beaucoup la vitesse primordiale des aréolithes, d'autant plus que, eu égard à la consistance variable de leurs éléments et à l'énorme chaleur développée à leur surface par cette pression considérable et rapide, ils éclatent à des hauteurs diverses suivant leur degré de cohésion. De ce fait, la vitesse se trouve d'autant plus ralentie que l'éclatement est plus considérable.

Si les aérolithes arrivaient sur notre sol avec la vitesse effrayante que nous leur connaissons aux premières couches de notre atmosphère, nous n'en pourrions pas retrouver beaucoup. On le concevra facilement, si l'on songe qu'un boulet de canon, lancé avec une vitesse de 500 mètres à la seconde, peut trouer une plaque de fonte et que les aérolithes atteignent parfois aux limites supérieures de l'atmosphère une vitesse de 60 kilomètres à la seconde !

De Reichbach, qui s'est beaucoup occupé d'aérolithes, affirme qu'une météorite, traversant l'atmosphère avec une vitesse planétaire, élèverait sa température de 75.000 degrés, si une grande partie de cette chaleur n'était aussitôt dissipée par le rayonnement et une autre partie convertie en travail mécanique.

Dans les aérolithes terreux comme celui qui nous occupe, la chaleur, combinée à la vapeur d'eau que le météore rencontre dans sa course rapide, en détache des particules plus ou moins grosses qui tombent sur le sol, traçant ainsi la trajectoire suivie par le bolide. Comme ils sont composés de matières très diverses, ayant une capacité inégale pour la chaleur, la brusque et irrégulière dilatation de leurs parties amène forcément une rupture dans les couches superficielles, rupture qui se fait sentir plus profondément à mesure qu'ils s'avancent dans l'atmosphère; c'est ce qui a dû arriver à la météorite qui nous a donné l'Australie, et cela dans des conditions que nous étudierons plus loin.

Humboldt rapporte dans le *Cosmos* l'extrait d'un rapport dressé par un commissaire de l'Institut envoyé à la petite ville de Laigle, en Normandie, à l'occasion d'une pluie de pierres tombée le 26

avril 1803. Ce rapport s'exprimait ainsi : « A une
« heure de l'après-midi, par un ciel très pur, on
« vit à Alençon, à Falaise et à Caen un grand
« bolide se mouvant du Sud-Est au Nord-Ouest.
« Quelques minutes après, on entendit à Laigle,
« durant cinq à six minutes, une explosion par-
« tant d'un petit nuage noir, explosion qui fut
« suivie de trois ou quatre détonations et d'un
« bruit que l'on aurait pu croire produit par
« des décharges d'artillerie auxquelles se serait
« mêlé le roulement d'un grand nombre de tam-
« bours. Chaque détonation détachait du nuage
« noir une partie des vapeurs qui le formaient.
« Plus de deux mille pierres météoriques, dont la
« plus grande pesait dix-sept livres, tombèrent
« sur une surface elliptique, dirigée du Sud-Ouest
« au Nord-Ouest, et ayant onze kilomètres de lon-
« gueur. Ces pierres fumaient, elles étaient brû-
« lantes sans être enflammées et l'on constata
« qu'elles étaient plus faciles à briser quelques
« jours après leur chute que plus tard. »

Le chimiste anglais Howard rapporte qu'à Cutro,
en Calabre, il tomba sur le sol une pluie de pierres
qui dura assez longtemps et qui était accompagnée
de la chute d'une grande quantité de poussières
rouges. Arago a réuni beaucoup de faits à peu
près semblables dans son *Astronomie Populaire*.

Il cite entr'autres, la chute à Verd, en Hanovre,
d'une matière rouge et noire, accompagnant un
globe incandescent. M. Schmidt, directeur de

l'Observatoire d'Athènes, a suivi à l'aide du télescope, un magnifique bolide apparu le 14 octobre
1863. Il a pu observer qu'au moment de sa disparition, le météore s'est divisé en quatre ou cinq
fragments d'un rouge sombre.

Ces quelques exemples nous montrent que les
météorites ne peuvent jamais arriver en entier sur
le sol, trop de causes s'acharnant à leur destruction.

La chaleur développée sur presque toute la surface de la masse météorique Australienne, à la
suite de l'énorme vitesse que nous lui avons sup-
posée, a dû être bien grande! Sous cette influence,
les eaux qui couvraient une partie de son sol
durent subir une énorme évaporation et, par la
grande pression développée sur la surface de
chute, se jeter d'une façon terrible hors de leur lit,
inondant, dégradant la surface brûlante pour se
réunir un moment sur la partie opposée à la chute.
Mais, comme en tombant, la masse roulait sur
elle-même, nous pouvons nous faire une idée
des convulsions terribles qui se succédèrent rapidement sur ce gigantesque aérolithe, convulsions
qui le désagrégèrent sur toute sa surface, faisant
sauter des blocs énormes, gros comme des montagnes peut-être, qui s'écrasèrent en partie en
tombant sur le sol!

Quelle gigantesque révolution à la surface de
cette astéroïde dévoyée qu'une pression, qu'une
poussée aussi vertigineuse! Quels terribles oura-

gans! Qu'on se représente la furie d'un vent ayant une vitesse de 30 kilomètres à la seconde, alors que, dans nos plus terribles tempêtes, la vitesse du vent ne dépasse pas 50 mètres pendant la même unité de temps.

Ces convulsions indescriptibles ne durèrent, il est vrai, que quelques instants; mais quel chaos épouvantable, quel bouleversement sur ce sol sautant en l'air avec des commotions terribles, emportant ses forêts déracinées, ses organismes pulvérisés, ses eaux déchaînées, et venant ensuite s'abîmer sur la surface de la Terre avec des craquements à ébranler tout l'atmosphère. Que ce phénomène a dû être grandiose dans son horreur!

Il serait difficile de fixer le poids des matières ainsi détachées pendant la course parabolique de la masse météorique; il serait difficile de supputer la vitesse exacte du noyau non entamé à la fin de la dernière seconde de chute; mais ce que l'on peut presqu'affirmer, c'est que, d'après des expériences répétées un grand nombre de fois, il a suffi qu'une masse encore intacte représentant $1/60$ du poids de la Lune soit tombée avec une vitesse de 12 kilomètres pour accomplir le phénomène de l'inclinaison de l'axe de la Terre de 23° environ[1].

[1] L'axe de rotation n'est pas stable. Il s'incline de 28" par siècle pendant une période de 10,500 ans, puis se redresse avec la même proportion pendant une autre période de 10,500 ans. Le cycle entier embrasse donc 21,000 ans. Ce mouvement est connu sous le nom de « nutation terrestre ».

Le noyau épargné se brisa affreusement sous les efforts d'une vitesse vingt-quatre fois plus grande que celle d'un boulet de canon de 12 kilogrammes chassé de l'arme par 6 kilos de poudre ! Toute la Terre trembla au moment où cette gigantesque masse s'abima sur son sol ! Rien ne peut rendre compte de cet effondrement terrible. Il faudrait réunir toutes les expressions qui peignent le gigantesque joint à l'effroyable, le terrible ajouté à l'affreux et cela ne serait pas encore suffisant pour se faire une idée très affaiblie de ce cataclysme !

Que de curieuses révélations, que de belles découvertes, que d'études intéressantes l'on pourrait faire, s'il était permis de percer de part en part cette masse planétaire dont la brusque arrivée sur la Terre fut précédée par celle des blocs et des montagnes entières se détachant de sa surface et qu'elle semait sur son passage avec une grande force de projection.

Comme le noyau intact, tous ces débris se brisèrent en roches énormes que, avec le temps, l'eau et les agents atmosphériques anastomosèrent.

On conçoit que les parties les plus dures échappèrent au brisement général, elles formèrent les monts isolés que nous avons déjà signalés dans le début de cette note et qui ne peuvent s'expliquer autrement.

Si l'étude du sol nous amène à accorder à l'Australie une origine cosmique, l'inspection d'une mappemonde confirme cette idée et lève tous les doutes. Comme nous l'avons dit, l'axe a dû s'incliner proportionnellement à la masse et à la vitesse du météore reçu. Or, l'axe terrestre est incliné de 23 37′ sur le plan de l'écliptique et il est curieux de remarquer que le centre de l'Australie se trouve être situé à 23 environ au Sud de l'équateur et par conséquent traversé par le tropique du Capricorne.

Si c'est là un effet du hasard, il faut avouer qu'il sert admirablement la théorie que nous soutenons et dont la première idée revient à M. Dufresne.

II

Nous allons énumérer succinctement les conséquences de la chute de l'Australie comme masse météorique.

La conséquence la plus immédiate, nous venons de le voir, fut l'inclinaison de l'axe de la Terre. Ce phénomène se produisit entre le dépôt tertiaire moyen et le dépôt tertiaire supérieur. En effet, la flore toute tropicale que l'on observe dans la période miocène disparaît subitement au début de l'époque pliocène, indiquant par conséquent une révolution brusque dans le climat de nos contrées. Tous les géologues ont été frappés de cette anomalie et n'ont pu jusqu'ici en donner la véritable raison. Plusieurs d'entr'eux, se basant sur les variations climatériques que peut amener la configuration du sol, ont pensé qu'il fallait peut-être chercher la véritable cause d'un changement aussi rapide dans le soulèvement qui eut lieu entre ces deux époques.

Il est à remarquer que le climat a changé brusquement sur toute la surface de la Terre, ainsi que le prouve la flore des terrains correspondants aux époques géologiques dont nous venons de parler et que le soulèvement qui eut lieu à cette époque n'a qu'une importance tout à fait secondaire.

Cette variation subite est due à l'apparition de la glace vers les deux pôles après l'inclinaison de l'axe. Les contrées polaires, à l'époque tertiaire moyenne, avaient encore une température d'au moins 15°, ainsi que nous pouvons en juger par celle de nos contrées qui, à la même époque et d'après la flore fossile, jouissaient d'un climat tropical.

Lorsque la Terre se fut inclinée sur son axe et que, pour la première fois, il y eut des nuits longues de plusieurs mois, le sol perdit par rayonnement la faible chaleur qu'il recevait pendant l'été, les saisons étant définitivement établies; la glace, qui jusque-là s'était maintenue sur les plus hautes cimes descendit à la surface du sol pour ne plus le quitter. Cette première calotte glacée s'étendit rapidement et le climat de nos régions qui permettait aux palmiers de s'y développer librement disparut à tout jamais, subissant la double influence de l'inclinaison de l'axe et de la proximité des pôles glacés.

C'est donc entre l'époque miocène et l'époque pliocène que l'on peut placer la chute de l'Australie. Un fait capital corrobore plus que tout autre l'opinion que nous venons de formuler relativement à l'époque du cataclysme : les géologues ont trouvé au sud de cette grande île, dans une vaste dépression en forme de fer à cheval, des dépôts qui caractérisent les terrains tertiaires supérieurs.

Ce fut une révolution capitale pour notre globe que l'inclinaison de l'axe, elle produisit des changements radicaux dans la configuration des côtes. En effet, les mers, subissant le contre-coup de ce phénomène intense, sortirent en partie de leur lit comme le ferait le liquide contenu dans un vase que l'on inclinerait brusquement et c'est à ce débordement rapide des flots, au milieu desquels est peut-être venue s'échoir la masse Australienne, que l'on pourrait rattacher l'envahissement par les eaux d'une partie de l'hémisphère sud.

L'inclinaison de l'axe a été la cause primordiale d'un phénomène tout aussi important que celui de l'inondation de l'hémisphère austral, elle a été le point de départ de la période glaciaire et nous allons dire quelques mots de la relation qui existe entre ce phénomène et l'inclinaison de l'axe de rotation, nous réservant de l'expliquer avec beaucoup plus de développement dans une étude spéciale sur l'époque glaciaire.

Nous avons dit, et nous le prouverons ailleurs, que la glace avait envahi les pôles tout aussitôt le cataclysme consommé, les régions polaires perdant plus par le rayonnement pendant les 5 à 6 mois de nuits d'hiver qu'elles ne recevaient de chaleur pendant les 5 à 6 mois d'été. D'un autre côté, le grand axe de l'orbite terrestre se déplace lentement dans l'écliptique. Le cycle de ce mouvement est d'environ 21,000 ans. Si l'axe de rotation était perpendiculaire à l'écliptique, les résultats de ce déplacement seraient à peu près nuls ; mais comme il est incliné de 23° environ, il arrive que, pendant une période de 10,500 ans, l'hiver *astronomique* d'un hémisphère est plus long de huit jours que l'hiver de l'autre hémisphère et, comme les nuits y sont aussi plus longues que les jours et que l'hiver *climatérique* y devient progressivement plus froid pendant cette période, il rayonne plus que le pôle qui a l'hiver au périhélie. Au bout de 10,500 ans, le contraire a lieu pour l'autre hémisphère. On peut voir par ces quelques lignes combien est grande l'influence météréologique résultant de la relation de ces deux phénomènes.

Quels changements cette relation n'amène-t-elle pas dans les climats terrestres de l'un et de l'autre hémisphère pendant une période qui dure des milliers d'années. La saison printanière et la saison estivale deviennent plus froides ; chaque année, l'action de l'hiver climatérique s'étend davantage ; la chaleur de l'été ne peut plus réparer

celle perdue par le rayonnement; la glace empiétant peu à peu avec une lenteur méthodique que
de longues périodes d'années peuvent seules faire
apprécier, amène des modifications intenses dans
le régime des climats.

Le phénomène astronomique connu sous le
nom de « nutation » de l'axe de rotation est une
autre conséquence de l'adjonction de l'Australie.
L'hémisphère sud possédant plus de masse que
l'hémisphère nord, il est facile de comprendre
que, pendant la période de 21.000 ans que dure
le phénomène dont nous venons de parler, il se
trouve attiré davantage par le soleil pendant la
moitié de cette période qui pour lui est la Périhélie et le redressement a lieu pendant la seconde période de 10.500 ans pendant laquelle dure
l'Aphélie.

En l'année 1248, la ligne des soltices pour
notre hémisphère coïncidait avec le grand axe
de l'orbe; les saisons du printemps et de l'été
réunies dépassaient de 8 jours l'automne et
l'hiver. L'inverse avait lieu pour le pôle sud.
Depuis ce temps, les deux premières saisons
s'abrègent à nouveau pour notre hémisphère et
continueront à décroître jusqu'en l'année 6500 où
les saisons printanières et estivales seront égales
aux saisons automnales et hivernales, comme
cela avait lieu 4000 ans avant J. C. A partir de
de l'année 6500, l'hiver et l'automne augmenteront leur durée et vers l'année 11.750 acquéreront

leur plus grande longueur, dépassant par conséquent de 8 jours le printemps et l'été, comme
cela avait lieu 9,252 ans avant le Christ. A cette
époque, un énorme manteau de glace recouvrira
encore une fois les parties tempérées de notre
hémisphère, comme il les recouvrait 9,252 ans
avant J. C.

Il est curieux de remarquer que la plupart des
chronologistes placent la création de l'Homme au
moment où les saisons chaudes (printemps et été)
étaient égales aux saisons froides (automne et
hiver), c'est-à-dire environ 4000 ans avant la naissance du Christ, à l'extrême fin de la période
glaciaire.

L'adjonction de l'énorme masse qui a constitué
l'Australie ne pouvait que changer l'économie du
globe terrestre. Les résultats ne furent pas seulement sensibles à sa surface; comme globe céleste,
il fut affecté dans sa révolution annuelle. Cette
nouvelle arrivée, augmentant sa masse, augmenta
également sa vitesse de translation proportionnellement à cette même masse, c'est-à-dire d'environ $\frac{1}{10450}$m. La vitesse de rotation certainement
fut aussi influencée.

Notre satellite même ne fut pas insensible à cet
héritage car, en même temps et pour la même raison que la Terre accélérait sa vitesse de translation
autour du Soleil, la Lune, subissant à son tour
l'influence de l'augmentation de masse accéléra
sa révolution autour de la Terre.

Nous le voyons donc une fois de plus, tout s'enchaîne dans l'Univers. L'espace est rempli de particules plus ou moins grosses de matières cosmiques dont les planètes s'emparent dans leur révolution autour du Soleil, c'est-à-dire dans leur marche à travers l'espace, puisque le Soleil entraîne tout son système vers des régions que la science a pu déterminer d'une façon précise. Charles Dufour estime qu'il tombe par siècle à la surface de la Terre 11.000 kilomètres cubes de matières cosmiques liquides ou solides. En leur accordant seulement la densité de l'eau, nous arrivons au chiffre passable de onze cents milliards de tonnes de mille kilos dans l'espace de 100 ans, c'est-à-dire la 130 millionième partie du poids total de la Terre.

Peu à peu, le poids et le volume des planètes augmentent, l'équilibre se rompt et dans la suite des temps, après des milliards de siècles, la face de notre système solaire sera changé.

Il y aura longtemps que le Soleil ne sera plus qu'une masse à peu près refroidie, les planètes, devenues plus massives, rouleront autour de lui avec des vitesses vertigineuses et qui sait, si étant donnée une augmentation continuelle de masse, les plus petites ne deviendront pas la proie des plus grosses.

Quel épouvantable cataclysme ! La chute de l'Australie ne pourrait nous en donner qu'une bien faible idée ! Qui sait si dans ces temps éloignés

Vénus ne sera pas réuni à notre globe et celui-ci à une autre planète.

La chaleur résultant de ce choc formidable suffira à les fondre et à les volatiliser. Alors, une nouvelle condensation se fera ; la planète composée deviendra un nouveau soleil qui aura peut-être ses satellites ; la Vie, depuis longtemps éteinte à la surface des mondes, pourra renaître sous de nouvelles formes. La Nature tourne dans un cercle éternel et notre monde solaire n'a peut-être pas eu d'autre origine. Une seconde création commencera, disons-nous, la Terre nouvelle aura ses fossiles comme nous avons eu les nôtres, la matière de nos tissus fera alors partie de la nouvelle atmosphère et, par un mouvement purement physique et chimique, nous serons assimilés en détail à de nouveaux organismes ; chaque atome de nous mêmes deviendra partie constitutive d'une autre espèce et, cette fois, la métempsycose ne sera pas un vain mot[1]. Mais nos neveux peuvent dormir tranquilles, un pareil cataclysme est encore éloigné d'eux. D'ailleurs, il y aura longtemps que les derniers représentants de l'espèce humaine auront été littéralement gelés et aucun ne sera plus là pour vérifier l'exactitude de notre hypothèse.

C'est l'héritage incessant des matières cosmi-

---

[1] Je vis ensuite un ciel nouveau et une terre nouvelle; car le premier ciel et la première terre étaient passés. (Apocalyps. XXI. 1.

ques qui a inspiré a Humboldt les lignes suivantes : « Voir le mouvement surgir soudain au milieu du calme de la nuit, troubler un instant l'éclat paisible de la voûte étoilée ; suivre de l'œil le météore qui tombe en dessinant sur le firmament une lumineuse trajectoire, n'est-ce pas songer aussitôt à ces espaces infinis, partout remplis de matière, partout vivifiés par le mouvement ? Qu'importe la petitesse extrême de ces météores dans un système où l'on trouve, à côté de l'énorme volume du Soleil, des atomes tels que Cérès, tel que le premier satellite de Saturne ! Qu'importe leur subite disparition, quand un phénomène d'un autre ordre, l'extinction de ces étoiles qui brillèrent tout à coup dans Cassiopée, dans le Cygne et dans le Serpentaire, nous a déjà forcé à admettre qu'il peut exister dans les espaces célestes d'autres astres que ceux que nous y voyons toujours. Nous le savons maintenant, les étoiles filantes sont des agrégations de matière, de véritables astéroïdes qui circulent autour du Soleil, qui traversent, comme les comètes, les orbites des grandes planètes et qui brillent près de notre atmosphère ou du moins dans ses dernières couches.

« Isolés sur notre planète de toutes les parties de la création que ne comprennent pas les limites de notre atmosphère, nous ne sommes en communication avec les corps célestes que par l'intermédiaire des rayons si intimement unis de la

lumière et de la chaleur et par cette mystérieuse
attraction que les masses éloignées exercent sur
notre globe, sur nos mers et même sur les couches d'air qui nous environnent. Mais, si les
aérolithes et les étoiles filantes sont réellement
des astéroïdes planétaires, le mode de communication change, il devient plus direct, il se maté-
rialise en quelque sorte. »

En effet, il ne s'agit plus ici de ces corps éloignés dont l'action sur la Terre se borne à y faire
naître des vibrations lumineuses et caloriques ou
bien encore à produire des mouvements suivant
les lois d'une gravitation réciproque : il s'agit de
corps matériels qui, abandonnant les espaces célestes, traversent notre atmosphère et viennent
heurter la Terre dont ils font partie désormais.

Tel est le seul événement cosmique qui puisse
mettre notre planète en contact avec les autres
parties de l'Univers. Accoutumés comme nous le
sommes à ne connaître les êtres placés hors de
notre globe que par la voie des mesures, du calcul
et du raisonnement, nous nous étonnons de pouvoir maintenant les toucher, les peser, les analyser. C'est ainsi que la Science met en jeu dans
notre âme les secrets ressorts de l'imagination et
les forces vives de l'esprit, alors que le vulgaire ne
voit dans ces phénomènes que des étincelles qui
s'allument et s'éteignent et, dans ces pierres noi-
râtres tombées avec fracas du sein des nues, que
le produit grossier d'une convulsion de la Nature.

LA SCIENCE

———

La Nature fut d'abord un mystère pour l'homme jeté sur le globe qui devait être sa patrie. Livré dès le début de sa vie à l'aveugle et barbare inflexibilité des lois physiques, il n'eut, pour leur échapper partiellement, d'autres ressources que celles de son intelligence, conséquence immédiate de son organisation supérieure.

L'instinct de la conservation, une des grandes lois physiques du monde animé, se manifesta chez lui au premier chef. Surpris d'exister, étonné de se trouver en face de la Nature, aux prises avec ses grands phénomènes, en but à tous ses caprices, ignorant encore les causes de ces manifestations grandioses, de ces convulsions sublimes qui se succédaient autour de lui, il se créa, par peur plutôt que par respect, une foule de dieux qui, selon sa raison éclose à peine, se partageaient le Ciel et la Terre.

Son intelligence s'étant affermie, il renversa les

fétiches grossiers qu'il avait élevés et son goût
s'épurant, il s'en créa d'autres moins barbares. A
chaque phénomène qu'il ne comprenait pas ou qui
l'effrayait, il accorda un Dieu et par ses soins,
l'Olympe en fut bientôt rempli.

Tandis qu'Atlas soutenait les Cieux sur ses
épaules, et la besogne était rude, Vulcain forgeait
les foudres que, dans ses mouvements de colère,
Jupiter lançait au milieu des hommes épouvantés.
Tandis que Neptune soulevait les flots, Pluton
irrité remuait les entrailles de la Terre, exhalant
sa fureur en vomissant des torrents de feu ou de
lave enflammée.

Au milieu de ces ténèbres épaisses de l'ignorance primitive où la superstition et les croyances
absurdes s'agitaient si bruyamment, une lueur a
paru cependant : l'aurore de la Science. C'est que,
son intelligence s'étant éveillée à la curiosité et à
l'étude, l'Homme a regardé de plus près ; mais ses
premières observations furent encore et souvent
entachées de préjugés grossiers, reste de ses premières croyances. Les besoins de sa nourriture et
de son logement n'ont pas contribué pour peu à
élargir l'horizon de sa pensée et celui qui inventa
l'arc ou qui conçut la fronde fut un homme de
génie.

D'abord renfermée dans des limites étroites, la
Science fut le lot de quelques esprits favorisés
et apparut au reste du vulgaire comme un auxi-
liaire de l'Enfer. Aussi, combien sanglante n'est

pas l'histoire de ces temps barbares où les savants,
considérés comme sorciers, étaient torturés ou
brûlés vifs. C'est qu'alors aussi, la Science s'étant
frayé un passage à travers tout le bagage mysti-
que des peuples menaçait de ruiner toutes les
Mythologies antiques qui, jusque là, étaient re-
gardées comme des révélations faites par les
dieux à ceux qui s'intitulaient audacieusement les
maîtres des hommes. Ces révélations imaginai-
res ou mensongères étaient le suprême savoir,
quiconque osait aller à l'encontre était puni comme
le plus grand criminel, et comme la Foi, la
Science primitive a eu ses martyrs.

La Science est fille de l'Homme, elle procède de
la raison et de l'expérience, elle ne s'impose point:
elle permet, elle veut même qu'on la discute.
Elle ne proclame une découverte qu'après l'avoir
fait passer à la filière d'expériences mille fois
répétées et les théories qu'elle avance sont toujours étayées, non pas sur l'imagination, mais sur
de solides arguments, sur d'infaillibles calculs.
Elle ne reconnaît point d'autorité préconçue, elle
passe outre les fables et les rêveries poétiques
de l'ignorance.

C'est pour avoir secoué ce joug, que Galilée fut
emprisonné par l'Inquisition; c'est pour avoir
secoué ce joug, que Giordano Bruno monta sur le
bûcher et que tant d'autres apôtres de la Science,
considérée toujours comme une émanation diabo-
lique, ont succombé, victimes de leur intelligence

et de leur courage, sous les coups répétés des ennemis implacables de la grande raison humaine.

Comme tout ce qui est grand, comme tout ce qui est noble, la Science, de tout temps a eu ses détracteurs. « La Science dessèche l'âme, dit « l'ignorant, elle la rend incapable des grands « sentiments et des nobles aspirations. » Non, la Science ne dessèche point l'âme; elle anoblit l'Homme, elle le grandit, elle lui montre à exercer pour son bien-être les nobles facultés dont il est doué. Non, elle n'est l'ennemi ni des grands sentiments ni des nobles aspirations. Elle confond en une seule famille l'Humanité toute entière, elle pourvoit à ses besoins, elle lui donne la vie morale en même temps que la vie matérielle. Quel est donc l'homme assez sot pour nier ses bienfaits et se faire l'apôtre de l'ignorance contre les grandes manifestations de l'intelligence ?

La Science, malgré les assauts répétés, malgré les épreuves vives qu'elle eut à subir, n'en grandit pas moins à travers les siècles, tantôt marchant lentement, tantôt s'élançant dans de vastes problèmes, selon que l'atmosphère dans laquelle elle se mouvait lui était favorable, pour enfin nous apparaître aujourd'hui exubérante de sève et de richesse, étendant partout sa bienfaisante lumière.

Il n'y a que l'ignorant qui doute. Si, il y a quelques siècles, un précurseur de Fulton ou de James Waat avait écrit et si nos aïeux avaient lu que la tiède buée qui s'élève lente et paresseuse hors de nos marmites serait un jour l'agent presque universel du mouvement mécanique et, qu'à l'aide d'ingénieuses combinaisons, l'Homme l'emploierait à de rudes labeurs, à de gigantesques travaux, le remplaçant ici, le transportant là-bas, volant avec la vitesse du vent à travers les continents et les mers, cet homme eut passé pour un fou ou un imposteur. Si, à ces époques reculées, un modeste savant eut affirmé que la force développée par le contact d'un morceau de zinc et de cuivre avec un liquide acide aurait pour conséquence de transmettre, rapide comme l'éclair, la pensée ou la parole de l'homme d'un bout à l'autre de l'Univers ; si quelque Nadar eut avancé qu'un jour, l'homme volerait dans les airs, plus hardiment encore que l'aigle, traversant les nuages, emportant sa maison et ses aliments, l'Inquisition eut préparé ses fers et puni de telles impostures. Mais l'imposture d'hier, l'utopie d'aujourd'hui deviendront réalité demain, car pour la Science, il n'y a rien d'impossible.

Avec le temps, un brin d'herbe, un seul, envahirait la Terre : telle est la loi du Progrès ! Ainsi les idées s'ajoutent les unes aux autres, se greffent, se multiplient, s'épanouissent à l'infini, donnant naissance à une multitude d'inventions, a une légion de découvertes scientifiques. La Pensée humaine ressemble à ces plantes grimpantes, à ces lianes des tropiques qui naissent d'un atome, s'élèvent par degrés, s'élancent plus tard sur les orgueilleux géants qui ont abrité leur frêle enfance d'un jour, les embrassent, les enserrent, les façonnent à leurs caprices pour ne les quitter jamais. Les plus petites découvertes deviennent le fondement des plus grandes, des plus magnifiques inventions : le grain de sable devient une montagne, le pygmée un géant !

Le génie créateur de l'Homme s'empare de la molécule matérielle dont l'existence se manifeste à ses sens ou à sa pensée : il l'utilise, la transforme merveilleusement ; il la fait servir à ses besoins et, reculant ainsi les bornes de son empire, il s'avance noble et fier, toujours entreprenant et sûr de lui-même, vers des horizons qu'il ne connaît pas encore mais dont il pressent la nature. Rien ne résiste à ses assauts continus et, infatigable chercheur, il lutte à chaque instant de sa vie pour conquérir la Nature : l'enfant devenu grand veut dominer sa mère ! Pour lui, le seuil de cet inconnu gigantesque, immense, infini qui le passionne et l'attire, c'est l'entrée de la Vie, de la vie qui progresse, qui va se transformant sans relâche et le plus ignorant, le plus indifférent, reçoit, pour ainsi dire malgré lui, la vivifiante lumière que prodigue la Science.

Tandis que le sauvage prend son arc ou ses engins de pêche, pour aller subvenir aux besoins de sa nourriture ; tandis que le nomade barbare, emmenant ses troupeaux, erre d'oasis en oasis, de prairie en prairie, l'homme que la Science a civi-

lisé et transformé, l'homme vivant de la vie ner-
veuse va vers le mystère qui aiguillonne son esprit, quêtant de nouvelles conquêtes qui doivent
élargir le cercle dans lequel il se meut, qui doivent
faire faire un pas de plus au Progrès, c'est-à-dire
à son bien être, car la Science, c'est aussi l'Humanité et ils s'appellent légion ceux qui se
dévouent pour elle !

Le navigateur qui cingle vers des mers lointaines ou des rivages inconnus ; l'aéronaute qui,
comme l'aigle, fend les airs pour s'élever par de
là les nuages ; le géologue qui étudie les péripé-
ties grandioses, les convulsions terribles qui ont
marqué la première enfance de notre planète ;
l'astronome qui, l'œil caché derrière l'oculaire de
son télescope braqué dans les profondeurs de l'espace, épie la nature et le mouvement des astres ;
le chimiste, le physicien qui, par des expériences
sûres, cherchent les diverses manières d'être
de la Matière ; le physiologiste qui étudie l'orga-
nisme, déchirant peu à peu le voile qui nous cache
la Vie, tous travaillent, missionnaires de la Science,
à la destruction des rivalités que les rois ont
suscitées et au nivellement des obstacles naturels
que les révolutions géologiques ont jetés fatale-
ment entre les peuples.

Pour la Science, il n'y a qu'une patrie : la Terre ;
qu'une mère : la Nature ! Qu'ils s'appellent Cook
ou La Pérouse, Livigstone ou Bougainville ; qu'ils
s'appellent Montgolfier, Nadar ou Tissandier ;

qu'ils s'appellent Lamark ou Agassiz, Newton ou Lalande, Broussais ou Bouchardat; qu'ils soient Français, Anglais, Russes, Américains ou Allemands, tous n'ont eu et n'ont qu'un seul but : l'édification par la Science de la paix universelle.

Heureuse la génération qui verra l'Humanité toute entière débarrassée des entraves dont les lois physiques l'ont naturellement entourée; heureux le jour où l'esprit humain, affranchi des préjugés et des erreurs de toutes sortes, verra luire devant lui l'auréole de la Paix et de la Sécurité! Puissent ces horizons lointains, puissent ces siècles futurs vers lesquels tendent toutes nos aspirations être rapidement atteints grâce à la Science, principe éternel du Vrai et du Beau.

A. FROMENT.

Genève, le 5 mai 1894.

LA MATIÈRE

La Matière! Vaste océan où s'agitent les forces de la Nature! Immense sujet qui s'impose à la réflexion du penseur! Partout où nous jetons les regards, nous n'apercevons qu'elle! Elle est incommensurable comme l'espace qui la contient et si, à l'aide d'un télescope, notre œil plonge dans les profondeurs de l'étendue, c'est de la matière encore que nous apercevons!

Les chatoyantes couleurs qui caressent notre prunelle, les suaves parfums que la brise nous apporte du lointain; les sons délicats et harmonieux qui charment notre oreille et qui touchent notre âme, sont de la matière encore et toujours. Pouvons-nous faire un pas sans la rencontrer, pouvons-nous étendre la main sans la toucher?

De quelque côté que nous tournions nos idées, nos sens en sont immédiatement affectés. C'est qu'elle est répandue partout, c'est qu'elle manifeste sa présence par des milliers de phénomènes que l'esprit le plus subtil ne pourra jamais saisir tout entiers! Qui osera jamais compter, analyser les transformations infinies qu'elle subit à chaque division du temps? Elle est dans un état perpétuel de mouvement, elle se compose, elle se décompose; elle s'édifie, elle se ruine, pour aboutir encore à d'autres modifications que rien ne peut détourner, que rien ne saurait arrêter.

Les lois physiques lui sont indissolublement liées; elles sont la condition, la manifestation même de son existence; elle ne peut exister sans elle, de même que celles-ci ne peuvent exister sans la Matière. En effet, comment admettre que les lois physiques qui ne sont autre chose que des propriétés immédiates de la Matière, puissent exister abstractivement hors de la Matière. Elles se supposent mutuellement, car il serait absurde de dire qu'il y a des propriétés de corps sans qu'il y ait des corps où ces propriétés sont reçues, où elles existent et où elles peuvent uniquement exister.

Les lois physiques ne peuvent point varier, car varier c'est changer en présence de circonstances qui restent les mêmes. Une pierre jetée dans l'espace retombera dans des milliers de siècles comme elle retombe aujourd'hui par la seule force de la pesanteur. L'eau, les métaux se vaporiseront par une quantité de calorique égale à leur cohésion et redeviendront liquides, puis solides, par la perte de la même quantité de calorique.

Tant qu'une loi physique n'est pas modifiée par une autre loi, elle agit toujours d'une façon identique ; les mêmes effets se reproduisent à des milliers de siècles de distance.

Le sel marin, ainsi que tout autre composé, peut être reproduit aujourd'hui comme il le fut hier, comme il le fut il y a mille ans, comme il le fut au moment de sa formation, en plaçant dans des conditions semblables le chlore et le sodium qui le composent. Un atome de fer, entrerait-il dans vingt combinaisons différentes, subirait-il mille et une transformations, serait-il tour à tour oxyde, sulfate, carbonate, chlorure, etc., qu'il en sortirait sans que ses propriétés qui lui sont inhérentes de toute éternité en fussent altérées.

La Matière est éternelle, mais à chaque instant elle change de forme sous l'influence d'une multitude de causes extérieures que la Science nous apprend à connaître et à démêler. Les phénomènes qui s'accomplissent journellement sous nos yeux et auxquels nous ne nous attachons que médiocrement eu égard à leur fréquence : la naissance et la mort des formes organiques, par exemple, proviennent uniquement de la transformation non interrompue d'une même matière primitive dont les éléments restent toujours invariables. Le morceau de bois que nous brûlons ne s'anéantit point, il ne perd rien. Les substances simples qui le composaient se sont seulement disassociées sous l'influence d'une force impondérable que l'on appelle la chaleur.

Rien ne se crée, rien ne se perd, la Matière est éternelle et indestructible comme le temps ; nul grain de poussière, nul atome de gaz, ne peut se perdre dans la Nature, nul ne peut s'y ajouter. Son existence n'est qu'une longue suite de transformations, disions-nous, elle n'est plus maintenant ce qu'elle était hier, ce qu'elle était il y a un instant et, pendant le court espace de temps que nous mettons à tracer ces quelques lignes, combien de phénomènes de décomposition et de recomposition ne se sont-ils pas accomplis. Chaque fraction de seconde est marquée par des milliers de phénomènes dont la collectivité forme ce que nous appelons la Nature.

Dans la Matière, les forces physiques s'engendrent mutuellement. La pesanteur, l'attraction, la chaleur, la lumière, l'électricité, le magnétisme, l'affinité, la cohésion, etc. peuvent se transformer suivant des causes multiples ; toutes ces forces sont équivalentes ; elles ne sont qu'une seule et même chose sous des apparences diverses. La Nature peut être comparée à un cercle qui porte en lui-même sa raison d'existence et dans lequel les causes et les effets se lient sans fin et sans commencement.

De même que l'on ne peut rien ajouter ni retrancher à l'Univers, de même l'on ne saurait suspendre, ne serait-ce que pour un instant, les

lois qui régissent la Matière. Quel épouvantable
chaos! Quel horrible bouleversement, si, pour
une seconde seulement, on arrêtait dans son
mouvement éternel ou la chaleur ou la pesanteur!

La matière universelle en serait ébranlée jusque
dans les profondeurs de l'immensité et le choc de
cette épouvantable vibration la ferait retomber
immédiatement dans le chaos! Mais rassurons-
nous, nous n'avons rien à craindre de cette
convulsion gigantesque, car, nous le répétons,
rien ne se crée, rien ne se perd. Tout ce qui a été
est et sera, on ne saurait créer, ni anéantir ce qui
est indestructible de toute éternité.

Aussi, la Matière est-elle impénétrable; rien ne
saurait la remplacer; deux corps ne sauraient
occuper en même temps le même espace; aucune
molécule ne peut se substituer à une autre sans
l'écarter. On peut désagréger la Matière, la rendre
liquide, ou gazeuse; on peut la diviser en parties excessivement ténues, déplacer ces mêmes
parties, les resserrer les unes contre les autres,
mais on ne peut les pénétrer, car ce serait les
anéantir.

Comme le temps, la Matière est divisible à
l'infini. Tantôt nous l'apercevons en masses excessivement compactes, tantôt à peine l'apercevons-
nous tellement elle est divisée. Lorsque nous
avons broyé un grain de blé, et réduit la farine
qu'il contient en une poudre impalpable, serions-
nous assez subtils pour compter les innombrables

grains presqu'imperceptibles que nous avons produits!

Quel compas pourrait en mesurer le diamètre?

Il y a des millions de molécules dans ce grain qui ne pèse guère et chaque molécule ne mesure pas un dix millième de millimètre! Eh bien, en supposant des yeux et des instruments plus délicats que les nôtres, chaque molécule pourrait encore être divisée à l'infini, car, ainsi que le dit Pascal, la moitié d'une unité ne peut être un zéro.

Voulez-vous des exemples de cette grande divisibilité de la Matière? Ils sont nombreux et nous n'aurons que l'embarras du choix. Quelques milligrammes de cuivre rouge dissous dans un peu d'ammoniaque et mêlés à un litre d'eau lui donnent une teinte bleue; or chaque milligramme d'eau contient environ deux millièmes de milligramme de cuivre divisé en des milliards de parties infiniment petites! — Le sang qui circule dans nos veines contient des globules qui n'ont qu'un sept millième de millimètre et une goutte de sang en contient des milliers! — Si cela ne suffit pas à votre curiosité, allez chez les imperceptibles, faites une incursion dans le monde des infiniments petits, vous trouverez là de quoi satisfaire votre avidité; le résultat sera plus étonnant, plus effrayant, plus gigantesque encore, j'ose dire, dans sa petitesse.

Avec un microscope puissant, observez cette

goutte d'eau croupissante, voyez-vous ces milliers d'atomes qui se trémoussent dans cet océan ; ce sont des êtres vivants, ils ont une certaine intelligence et des organes qui la servent. Ces organes sont comme les nôtres, composés d'une infinité de cellules que seule la pensée peut soupçonner !

Voilà jusqu'où peut aller la divisibilité de la matière inerte et vivante !

Mais que sont ces atomes, ces êtres, ces molécules, si l'on songe à la matière impondérable, à *l'éther* dont les vibrations produisent la chaleur, la lumière, l'électricité, etc. ! Les mouvements de cet éther sont vertigineux ; en une seconde, il exécute des vibrations dont la vitesse atteint 80,000 lieues dans la lumière, 115,000 dans l'électricité et des milliards de milliards de rayons lumineux peuvent passer sans se troubler par le trou d'une aiguille ! Quelle effrayante petitesse et quelle densité lui accorder ! Les gaz eux-mêmes sont loin de l'approcher et cependant mille parties d'un gaz n'égalent pas un grain de sable !

Mais, pour former la Matière telle que nous la voyons, c'est-à-dire dans un état plus ou moins compacte, avec des parties aussi ténues que le sont les atomes, il a fallu, et il faut encore à chaque division du temps qu'une loi physique intervienne ; il a fallu qu'une force immense, infinie comprime, presse les unes contre les autres ces myriades de particules ; il a fallu enfin, pour que l'imperceptible devienne palpable, que la puissance appelée attraction se manifeste sans contrainte à l'intérieur des corps pondérables. C'est cette même force qui, associée à un autre mouvement, la force centrifuge, régit la marche des astres autour d'un centre commun.

L'attraction est une loi générale de la Matière, et nous avons vu que les lois physiques ne sont que la manifestation même de son existence. Il est donc aussi absurde de se demander pourquoi la Matière peut posséder en elle-même cette loi de l'attraction que de s'étonner qu'elle ait une forme, un poids, une couleur.

La chaleur, la lumière, l'électricité, le magnétisme agissent en sens inverse de l'attraction, qu'elle s'appelle cohésion, affinité ou adhésion ; ces forces isolées ou combinées détruisent ce que l'attraction édifie, elles sont avec elle dans un perpétuel conflit, engendrant les phénomènes innombrables qui se manifestent à l'intérieur comme à l'extérieur des corps.

Partout à l'entour de nous, nous voyons la Matière prendre les formes les plus diverses, selon le milieu et les circonstances. Ce qui hier encore était une pierre, ce qui, il y a à peine un instant était un gaz s'organise à nouveau en prenant les aspects les plus variés ; ce qui était inerte devient vivant ; végétal ou animal, tout procède de la Matière.

Tous ces êtres si divers, toutes ces personnalités, n'ont qu'une existence très limitée, à peine

durable ; leurs éléments se disassocient pour re-
former, dans des conditions nouvelles, d'autres
agglomérations inertes ou vivantes qui ne dure-
ront elles-mêmes qu'un instant ; car il n'y a d'éter-
nels que la Matière et le Mouvement.

A. FROMENT.

Genève, le 30 mai 1894.

CHEZ LES MÊMES ÉDITEURS

CHRIST (H.). La flore de la Suisse et ses origines. Un
fort vol. gr. in-8º accompagné de 4 illustrations hors texte, de
4 cartes en couleurs indiquant les zones des plantes et d'un tableau
graphique : limites des hauteurs. 1883 . . . . 16 —

₊ Description pittoresque de la Flore suisse faite par un botaniste distingué;
intéressera toutes les personnes qui aiment les Alpes et ses fleurs.

TSCHUDI (F. de). Le Monde des Alpes, ou description pittoresque des montagnes de la Suisse, et particulièrement des animaux qui les peuplent. Traduction par O. Bourrit. Deuxième
édition, ornée de 24 superbes gravures sur bois. Un beau vol.
gr. in-8º. Broché. 24 —. Rel., doré. . . . . . . 30 —

₊ « La Bible des Alpes que chacun doit avoir chez soi. » (Michelet.)

BERLEPSCH (H. A.). Les Alpes. Descriptions et récits. Edition
ornée de 16 illustrations d'après les dessins de E. Rittmeyer. Traduction autorisée. 1868. Demi-reliure, tranches dorées. 20 —

₊ « Il est peu d'ouvrages traitant du domaine des Alpes qui aient mérité légi-
timement les éloges des juges compétents comme celui de Berlepsch. »

(Echo des Alpes.)

CANDOLLE (Alph. de). Histoire des Sciences et des savants depuis
deux siècles: précédée et suivie d'autres études sur des sujets
scientifiques, en particulier sur **l'hérédité** et **la sélection dans
l'espèce humaine.** 2ᵉ édition gr. in-8º. 1885 . . . . 10 —

GENÈVE. — IMPRIMERIE W. KÜNDIG & FILS